Rise of the Online Entrepreneur

Schritt für Schritt ein erfolgreiches
Online Business aufbauen

Von
Ignatz Rajher

Ausgabe 3, 2020

Umschlaggestaltung, Illustration: fiverr.com/germancreative
Verlag: Independently published (Ignatz Rajher)

ISBN Paperback: 9781790373451

Ignatz Rajher
Parlweg 4A
30419, Hannover
E-Mail-Adresse: **ignatzrajherpublishing@gmx.de**

Website:
https://www.ignatzrajher.de/
YouTube-Channel (Road to Selfmade Millionär):
https://www.youtube.com/channel/UChwv3ZFcfZch0K_kL4QY4kw/

Bibliografische Information Der Deutschen Nationalbibliothek

Die Deutsche Nationalbibliothek verzeichnet diese Publikation in der Deutschen Nationalbibliografie. Detaillierte bibliografische Daten sind im Internet über http://dnb.d-nb.de abrufbar.

Inhaltsverzeichnis

Vorwort

Willkommen im Informationszeitalter. Dem Zeitalter der Online-Unternehmer und allen anderen, die erfolgreich über's Internet Geld verdienen. Meinen Glückwunsch an dich! Du lebst in einer verdammt geilen und von Möglichkeiten nur so überfüllten Zeit. Realisiere diese Tatsache und nutze sie für deinen Erfolg.

Falls du mein Buch *„Erfolgsmensch"* bereits kennst, ist dir sicherlich schon aufgefallen, dass ein Großteil der reichen Menschen irgendwann einmal zu Unternehmern geworden ist. Das Unternehmertum ist es, was ihnen großen finanziellen Reichtum gebracht hat. Heutzutage ist es sogar noch um einiges leichter geworden, ein Unternehmer zu werden und online sein Geld zu verdienen. Aus (Offline-) Unternehmern entwickelten sich mit der Zeit Online-Unternehmer.

Doch nur weil dies in unserer heutigen Zeit so einfach geworden ist, bedeutet es nicht auch gleich, dass jeder blutige Anfänger damit in kürzester Zeit erfolgreich sein wird. Die ständige Informationsflut, der wir tagtäglich ausgeliefert sind, die unendlichen Möglichkeiten, um online Geld zu verdienen, und der Mangel an Kenntnis über essenzielle Grundlagen – die für einen Erfolg so entscheidend sind; all das sind die Gründe, warum so viele Menschen, die ein Online Business aufbauen wollen, bei dem Versuch scheitern und irgendwann aufgeben.

Dieses Buch wurde geschrieben, um dir als Anfänger (oder Fortgeschrittener) Schritt für Schritt dabei zu helfen, dein Online Business so aufzubauen, dass du langanhaltend davon profitieren kannst. Dabei ist völlig egal WAS für ein Business du aufbauen willst. Die einzelnen Schritte, die du hier lernen wirst, kannst du auf beinahe jedes Online Business Modell anwenden, das du dir nur vorstellen kannst.

Du willst digitale oder physische Produkte erstellen und verkaufen? Kein Problem. Du willst Dienstleistungen oder Coachings anbieten? Kein Thema. Du willst ein Freelancer sein? Kein Ding. Du willst Geld durch deine Website, E-Mail Liste, App, Software, deinen Blog, Online-Marketing Möglichkeiten wie z.B. Affiliate-Marketing, deinen YouTube-Channel, Instagram, Twitter, Twitch oder deine Facebook Seite verdienen?

Dann ist dieses Buch genau das Richtige für dich!

Lass uns also keine Zeit mehr verschwenden. Es gilt eine Menge zu lernen und anzuwenden – ich werde dich nicht belügen. Es wird nicht einfach werden, nicht ohne Arbeit funktionieren und Ergebnisse werden nicht von heute auf morgen eintreten. Lass uns also starten!

P.S. Am Ende findest du noch einen Link zu einer Facebook Gruppe, in welcher alle Leser dieses Buches sich über ihre Erfolge und Misserfolge austauschen können. Ebenso werden dort hilfreiche Artikel, Videos und Updates zu meinen Folgebüchern der *Rise of the Online Entrepreneur-Reihe* gepostet.

Mein Geschenk an dich:

Wenn du dich in meiner E-Mail Liste einträgst, erhältst du völlig **KOSTENLOS** einen 14 tägigen Crash Kurs zum Online Business und Online Geld Verdienen von mir zugeschickt! Dieses Angebot wird nicht ewig anhalten - worauf wartest du also noch?

Trag dich jetzt hier ein:

https://online-unternehmer.subscribemenow.com/

Einführung – Der Plan für dein Online Business

Willst du auch endlich von zu Hause aus Geld verdienen können? Oder noch besser, von überall auf der Welt aus? Stell dir einmal vor, du könntest deinen Hobbies und Leidenschaften nachgehen, mehr Zeit mit deiner Familie verbringen oder auf Reisen gehen. Du könntest mehr Möglichkeiten und mehr Freiheiten haben und nebenbei online Geld verdienen, ohne jeden Tag 8 Stunden arbeiten zu müssen. Wie klingt das? Für mich klingt das, wie die beste Art zu leben überhaupt!

Viele Menschen träumen insgeheim von einer Arbeit, die mehr Zeit für Hobbies und Familie zulässt, gleichzeitig aber auch genug Geld zum Leben einbringt. Leider ist es für viele ein Leben lang eben doch nur ein *Traum*. Du allerdings bist anders, nicht wahr? Du bist hier, weil du es schaffen willst! Das rechne ich dir hoch an. Doch musst du dich vorher noch ein wenig gedulden und bereit sein, Arbeit reinzustecken, um dein eigenes Online Business aufbauen zu können. Falls du aber wirklich bereit dazu bist, die nötige Geduld und Arbeit zu investieren, dann wird es dir ein derartiges Leben ermöglichen, von dem andere Menschen nur träumen, weil sie nicht handeln.

„Wenn du nicht daran arbeitest, deinen Traum zu realisieren, wird jemand anderes dich einstellen, damit du ihm dabei hilfst, seinen Traum wahr werden zu lassen."

- Dhirubhai Ambani,
einst reichster Milliardär Indiens

Mit Hilfe der einzelnen Schritte in diesem Buch kannst du **so gut wie jedes** Online Business betreiben. Egal ob du Produkte bei Amazon oder auf anderen Webseiten verkaufen willst. E-Books, Bücher oder Hörbücher veröffentlichen möchtest. Eigene physische oder digitale Produkte entwerfen und verkaufen möchtest. Coachings oder Dienstleistungen anbieten willst. Oder eine Software oder App entwickeln und vermarkten möchtest. Dabei musst du nicht einmal ein Experte in den einzelnen Bereichen sein. Die meisten dieser Arbeiten kannst du *„outsourcen"* und somit andere Menschen dafür bezahlen (bzw. in sie **investieren**), deine Produkte zu erstellen.

Wie du siehst, hast du eine große Auswahl. Wichtig ist nur, dass du diesem Plan folgst und alle Schritte beachtest, damit du eine gute Grundlage für dein Business aufbauen kannst und später keine Probleme auftreten, die dein Business zerstören könnten. Ein gutes Fundament ist sehr wichtig und wird dir später mehr Vorteile als Nachteile bringen.

Wir leben in einer Welt, in der es sehr viel leichter geworden ist, ein Business aufzubauen und online Geld zu verdienen. Die ganzen technischen Anforderungen sind heutzutage so gut und so weit entwickelt, dass es für die breite Masse möglich geworden ist, durch ein Online Business Geld zu verdienen. Früher war es den Leuten nicht wirklich möglich oder zumindest deutlich schwerer, da die technischen Entwicklungen noch nicht auf dem heutigen Stand waren. Vor allem wenn du ein Online Business aufbauen willst, kommen dir diese technischen Errungenschaften sehr zum Vorteil und du solltest diese auf jeden Fall so gut wie nur möglich nutzen.

Da es dich doch ein wenig Zeit und harte Arbeit kosten wird, kannst du dein Business anfangs nur nebenbei laufen lassen und ein Nebeneinkommen verdienen oder aber du arbeitest von Anfang an hart daran und kannst schon bald einzig von dem Einkommen aus deinem Business leben.

Wenn du an diesem Punkt angekommen bist, wird es dir möglich sein, einen bestimmten Lifestyle zu leben. In den meisten Fällen bedeutet das auch mehr Freiheiten zu haben, zum Beispiel mehr Zeit mit der Familie zu verbringen oder nahezu von überall auf der Welt arbeiten zu können. Denke nur einmal daran, wie viel einfacher es heute ist, dank der ganzen technischen Errungenschaften. Mit einer guten Internetverbindung kann man nahezu von überall auf der Welt arbeiten.

Ein Online Business aufzubauen ist dabei kein neues Konzept, es haben schon so viele Leute vor dir diesen Traum wahr gemacht. Über einige dieser Leute habe ich bereits in meinem Buch *„Erfolgsmensch – Lerne von den erfolgreichsten Menschen dieser Welt“* geschrieben. Und was so viele schon getan haben, kannst du auch tun! Du musst nur wissen **wie,** und ich will dir genau dabei helfen. Nimm dir ruhig die Zeit, jedes Kapitel aufmerksam durchzulesen und darüber nachzudenken.

Oft hilft es auch sich seine Gedanken aufzuschreiben, gerne auch während du mehr über die einzelnen Schritte erfährst. Alles was du brauchst, findest du in diesem Buch, du musst es nur auf deine eigene Situation anpassen und anwenden. Und die richtige Anwendung ist dabei sehr wichtig. Es reicht nicht aus, nur über die verschiedenen Aspekte und Schritte zu lesen und diese zu kennen. Du musst sie später auch **anwenden**, damit du erfolgreich sein kannst. Die ersten Kapitel in diesem Buch sollen dir helfen, ein solides Fundament aufbauen zu können, um dein Online Business auf die Beine zu stellen. Dabei wirst du jedoch mehr Zeit und Arbeit reinstecken müssen, als eventuell zunächst erwartet.

Am Anfang geht es wirklich erst einmal nur darum, alles strukturiert und gut durchdacht **aufzubauen**, um später damit Geld verdienen zu können.

Du solltest also noch nicht sofort deinen Job kündigen, da du erst ein wenig später anfangen wirst Geld zu verdienen. In vielen Fällen ist es nämlich so, dass die Auszahlung deiner Einnahmen erst nach 3 Monaten beginnt. Das bedeutet, dass du in der Anfangsphase Geduld mitbringen musst. Wenn du nun auf der Suche nach sofortigen Erfolgen und Einnahmen bist, dann werde ich dich enttäuschen müssen. Lerne dich von der Pandemie unserer heutigen Zeit namens „Instant-Gratification" zu lösen. Lerne geduldig zu sein und unerbittlich auf deine Ziele hinzuarbeiten. Mit dem Wissen, dass gute Dinge ihre Zeit brauchen.

Hier wirst du nicht ausschließlich Schritte vorfinden, denen du blind folgen kannst. Vielmehr musst du dich teilweise ein wenig anstrengen und selbst über einige Dinge nachdenken, eigene Ideen finden und diese umsetzen. Wenn du also dachtest, du findest hier den einfachen Weg, dem du blind folgen kannst, dann ist dieses Buch **nicht** das Richtige für dich. Hier kannst du lernen, welche Schritte du gehen und was du alles beachten solltest, aber es wird dir nicht dabei helfen, Geld zu verdienen, während du **faul** auf der Couch rumliegst. Überdenke also am besten einmal deine Erwartungen, bevor du anfängst mehr über die einzelnen Schritte zu erfahren. Wenn du jedoch bereit bist mit der Arbeit anzufangen, dann schau dir die einzelnen Kapitel an und tauche ein, in das (meiner Meinung nach) beste Zeitalter, in das man nur hineingeboren werden konnte: Das digitale Zeitalter.

Lass uns nun damit anfangen dein Online Business Stück für Stück aufzubauen, um dir eines Tages finanzielle Freiheit zu sichern!

(Anhand der Pyramide auf der nächsten Seite lässt sich der richtige Aufbau deines Online Business am besten beschreiben. Verstehe und verinnerliche die einzelnen Schritte/Ebenen, und du wirst sehr erfolgreich online Geld verdienen können.)

Ich wünsche dir viel Spaß, Durchhaltevermögen und Erfolg beim Aufbau deines eigenen Online Business!

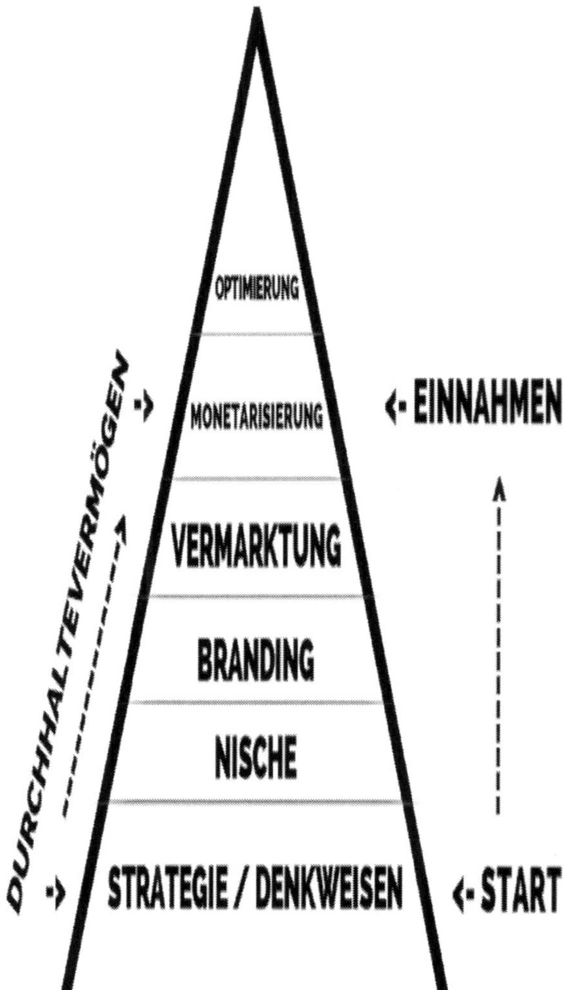
OPTIMIERUNG
MONETARISIERUNG
VERMARKTUNG
BRANDING
NISCHE
STRATEGIE / DENKWEISEN
DURCHHALTEVERMÖGEN
<- EINNAHMEN
<- START

Kapitel 1: Strategie und Denkweisen – Das Fundament

Wir werden uns 6 verschiedene Schritte anschauen, die auch als Ebenen bezeichnet werden können (siehe Abbildung), um dein Online Business aufzubauen. Jeder Schritt ist hierbei wichtig, denn die einzelnen Schritte bauen aufeinander auf. Denke also nicht, du kannst einfach einige dieser Schritte überspringen, um schneller Geld zu verdienen. So wird das leider nichts. Mit viel Glück kann das zwar theoretisch funktionieren, aber in den meisten Fällen dauert der Erfolg dann nicht lange an. Oder aber du musst später mehr Arbeit und Zeit investieren, um für die Defizite aufzukommen. Wenn du denkst, du kannst eine Abkürzung nehmen, wird sich diese später nur als ein eigentlicher Umweg herausstellen. Wenn du einzelne Schritte nicht beachtest, wird dein Fundament nicht stabil genug sein, um späteren Problemen standzuhalten. So wie wir alle an bestimmten Punkten im Leben Hindernissen und Problemen ausgesetzt sind, so wird es auch in deinem Business sein.

Generell ist das Fundament immer wichtig, ganz egal was du baust. Sei es in deinen Beziehungen oder beim Hausbau. Wenn zum Beispiel ein neues Haus gebaut werden soll, dann sollte das Fundament solide sein. Wenn sich die Arbeiter beim Fundament (was in diesem Fall größtenteils die Grundmauern des Hauses sind) nicht sehr viel Mühe geben, dann wird der Hausbesitzer das früher oder später merken. Das ist nicht nur sehr nervig, sondern im Endeffekt auch deutlich teurer und zeitaufwendiger.

Davon wird also keiner wirklich profitieren, oder eben nur für eine kurze Zeit. Genauso kann es auch deinem Online Business ergehen und das willst du sicherlich vermeiden.

Ein weiteres Beispiel ist ein starker und großer Baum. Die Wurzeln sind sehr wichtig für jeden Baum, sie bilden das Fundament für diesen. Dabei kannst du jedoch die Wurzeln, und somit auch das Fundament, nicht sehen. Für den Baum sind diese aber sehr wichtig, damit er gesund wachsen und hoch hinausragen kann. Die Wurzeln sind also auch für das Wachstum sehr wichtig und helfen dem Baum bei starken Winden standhaft zu sein. Außerdem kann der Baum nur dann Früchte tragen, wenn die Wurzeln ihn mit genügend Mineralien versorgen. Ein ebenso starkes Fundament solltest du auch in deinem Online Business haben. Am besten sogar noch bevor du richtig mit deinem Business startest und Geld verdienst. Genauso wie die Wurzeln dem Baum helfen, wird dir ein gutes Fundament bei deinem Business helfen, damit auch du gute Früchte ernten kannst.

In der Überschrift ist die Rede von den beiden Wörtern Strategie und Denkweise, und wie du diese meistern kannst. Zunächst wollen wir uns erst einmal anschauen, was diese beiden Worte bedeuten und inwiefern sie für dein Online Business wichtig sind. Kleiner Hinweis vorab: Sie sind **extrem** wichtig! Ohne die richtige Strategie und Denkweise wird dein Business so gut wie garantiert scheitern. Das ist vermutlich auch der Grund, warum so viele Menschen im Bereich Online Business schon gescheitert sind. Was kannst du also tun, damit dir das nicht passiert?

Deine Strategie ist nichts anderes als dein Plan, in dem du deine einzelnen Schritte überdenkst und entwickelst. Das soll dir als eine Art Routenplan für dein Business dienen. Dein Plan sollte hilfreich für die Zukunft sein, um zu sehen, was auf dich zukommt und welche weiteren Schritte du gehen musst. Am besten wäre es, wenn darin all deine Schritte von Anfang bis zum Ende dokumentiert werden und du somit direkt weißt, was dich in naher Zukunft noch so erwartet. Natürlich kannst du noch nicht alle Schritte kennen und es wird immer etwas Unerwartetes dazwischenkommen, aber plane so detailliert wie möglich.

Mit zunehmender Erfahrung und Zeit wird sich dein Plan auch immer wieder verändern, und das ist vollkommen in Ordnung. Achte nur darauf, dass du deinen Plan so entwickelst, dass er auf die Situation passt, in der du dich gerade befindest. Und sobald sich diese Situation verändert oder du dein Online Business erweitern möchtest, kannst du entsprechend auch deinen Plan ändern und an die jeweilige Situation anpassen.

Betrachte deinen Business-Plan als Karte

Wenn du zum Beispiel von München nach Hamburg fahren möchtest, wirst du mit großer Wahrscheinlichkeit eine Karte benutzen, sei es nun eine echte Karte oder eben dein Navigationsgerät. Aber du möchtest den genauen und schnellsten Weg wissen. Wenn du willst, kannst du ganz genau nachschauen, wann und wo du abbiegen sollst und auf welche Autobahn du kommst. Was würde also passieren, wenn du ohne eine Karte losfahren würdest? In den meisten Fällen würdest du dich entweder verfahren oder deutlich länger für die Strecke brauchen und einige Umwege nehmen. Genauso ist es auch mit deinem Business. Warum solltest du also versuchen deine eigene Karte zu entwickeln, wenn sich schon jemand vor dir die Arbeit gemacht hat? Vor allem wenn du weißt, die Karte ist vertrauenswürdig und zeigt dir den schnellsten oder effektivsten Weg? Wenn du also nicht ohne eine Karte von München nach Hamburg reisen würdest, warum solltest du dann dein Business ohne einen Plan starten?

Viele Leute berücksichtigen nicht den gesamten Plan, bevor sie ihr Online Business starten, und wenn es dann nicht gleich funktioniert, sagen sie, es war ein Misserfolg. Und wenn sie dann scheitern, sind sie so entmutigt, dass sie sofort aufgeben. Im Endeffekt werden sie dir dann sagen, ein Online Business zu betreiben, funktioniert nicht und es handelt sich dabei nur um eine Träumerei.

Obwohl das bei ihnen eventuell nur der Fall war, weil sie keinen **genauen** Plan hatten. Lass dich von diesen Leuten nicht entmutigen oder verunsichern. Wenn du bereit bist dein Online Business aufzubauen, dann darfst du kein Mensch sein, der schnell aufgibt. Es wird nicht immer alles perfekt laufen, manchmal werden die Dinge nicht nach Plan verlaufen, aber du darfst diese Ereignisse nicht als Gründe oder Ausreden benutzen, um aufzugeben. Sei verantwortungsbewusst und kämpfe für dein Online Business, dann wirst du mit Leichtigkeit aufkommende Probleme überwinden können.

Du darfst hierbei kein Angsthase sein. Wenn du dein eigenes Online Business auf die Beine stellen willst, dann musst du dich in gewisser Art und Weise dazu verpflichten und daran binden. Du kannst nicht nur an der Oberfläche kratzen und erwarten, dass dein Business dadurch perfekt wird. Versuche nicht unzählige verschiedene Dinge auf einmal zu tun. Bleib bei deinem Business, auch wenn es zeitweise nicht so gut zu laufen scheint. Aller Anfang ist schwer, aber wenn du dranbleibst und weiterhin hart arbeitest, um besser zu werden, dann wirst du früher oder später gute Ergebnisse erzielen können. Wie bei einer Pflanze, musst du aber zuerst einmal den Samen pflanzen, gießen und dich gut darum kümmern, bevor eine Pflanze daraus wächst. Und dann dauert es noch einmal eine gewisse Zeit, bis die Pflanze ihre Blüten oder Früchte trägt. Übe dich in unserer schnelllebigen Zeit also vor allem in Geduld und gib nicht auf, wenn du nach ein wenig harter Arbeit immer noch keine Ergebnisse siehst.

Mit der Zeit wird das schon noch kommen. Um mit deinem Online Business erfolgreich zu sein, musst du dich diesem **verpflichten** und dein **Bestes** geben. Wenn du dazu noch nicht bereit bist, dann solltest du dich erst einmal nur darauf konzentrieren, und darüber hinaus noch keine weiteren Schritte planen. Es wird dir wirklich sehr zum Vorteil sein, wenn du deine negative Denkweise überwinden kannst und zuerst an deinem Charakter arbeitest.

Zum Beispiel kein Angsthase zu sein, nicht alles negativ zu sehen, und nicht bei jedem kleinen Problem sofort aufzugeben. Wenn du das meistern kannst, bist du den meisten anderen Menschen auf dieser Welt bereits einen **gewaltigen** Schritt voraus.

Deine Denkweise ist ausschlaggebend, und wenn diese noch nicht richtig ist, kann es dir den ganzen Prozess erschweren oder sogar aufhalten. Für viele Leute ist das ein großer Faktor, der sie an ihrem Erfolg hindert. Ein weiterer Faktor ist zu große Angst in Verbindung mit nicht genügend Selbstvertrauen. Die Angst kann dabei in vielen Bereichen und verschiedenen Formen auftreten. Einige haben Angst davor, ein Risiko einzugehen und zu versagen, damit also auch Geld und Zeit zu verschwenden. Andere haben vielleicht Angst vor der Verantwortung, die auf einen zukommt, oder einfach Angst vor dem Unbekannten. Dann gibt es aber auch ein paar Leute, die Angst vor dem Erfolg haben oder vor der damit verbundenen Aufmerksamkeit. Du fragst dich jetzt vielleicht, warum man denn Angst vor dem Erfolg haben sollte. Genau das will man ja eigentlich erzielen, wenn man sich ein Online Business aufbaut, nicht wahr? Aber einige haben trotzdem Angst davor, weil sie glauben, dass sie eventuell verurteilt werden oder sogar ihre Freunde verlieren könnten, oder auch einfach nur Angst vor der **Kritik** haben (die wohlgemerkt definitiv kommen wird!). Jeder liebt die Person, die hart an ihrem Erfolg arbeitet und davon träumt. Aber sobald du erfolgreich bist, werden die anderen womöglich neidisch. Oder sie fühlen sich unsicher und schlecht und denken, dass sie unbedeutend sind, nur weil sie selbst noch nicht so viel in ihrem Leben erreicht haben. Und ich sage nicht, dass das auf all deine Freunde und Bekannten zutreffen wird, aber bei einigen wird das wohl der Fall sein. So kann es also passieren, dass dich deine eigenen Ängste aufhalten oder sogar der Gedanke daran, ein paar Freunde zu verlieren. Beides wird dich vom Erfolg fernhalten. Wenn du also wirklich erfolgreich dein Business aufbauen willst, dann musst du zu allererst deine **Ängste überwinden**.

Die damit verbundene Denkweise ergibt sich aus vielen verschiedenen Bereichen. Am besten wäre es, wenn du alle davon meistern kannst. Das muss jedoch (noch) nicht unbedingt der Fall sein, wenn du mit dem Aufbau deines Online Business beginnst, auch wenn es von großem Vorteil wäre. Solange du aber ein paar Denkweisen gemeistert hast und weiterhin an den anderen arbeitest, ist das auch okay. Du kannst trotzdem schon anfangen an deinem Online Business zu arbeiten und dieses aufzubauen.

Wir wollen uns zunächst einmal einige der Denkweisen näher anschauen. Wir haben schon die Verpflichtung bzw. Bindung an dein Online Business erwähnt, sowie harte Arbeit und gleichzeitig auch deine Arbeitsweise. Diese will ich dir nun ein wenig näher erläutern und auch noch einige andere ergänzen.

Übernimm Verantwortung

Fangen wir mit der Verpflichtung und Bindung an dein eigenes Business an. In diesem Bereich geht es darum, nicht einfach aufzugeben, wenn es schwer wird. Du musst dranbleiben, egal was kommt. Wenn du dich dazu verpflichtest, musst du auch einen gewissen Einsatz zeigen. Du kannst nicht einfach nur faul sein oder nur das *Minimum* machen. Es braucht mehr als nur das. Das ist wie in einer Beziehung, besser sogar noch – wie in einer Ehe. Bestenfalls bindest du dich ein Leben lang an deinen Partner, für die guten und die schlechten Zeiten, egal was kommt. Und auch in einer Beziehung kannst du nicht einfach nur faul sein, jedenfalls nicht, wenn du eine gute Beziehung oder Ehe führen willst. Auch da wird ein gewisser Einsatz von dir verlangt und erwartet. Und auch in einer Beziehung sollte es so sein, dass man bei Problemen und Schwierigkeiten nicht gleich aufgibt.

Wie du also siehst, ist es nicht immer einfach. Aber genau in diesen Momenten kommt es auf deine Denkweise an. Hast du dich von Anfang an voll und ganz daran gebunden und dich dazu verpflichtet? Bist du bereit, die Verantwortung für deine vergangenen, aktuellen und zukünftigen Taten zu übernehmen? Bereit dazu, dein Leben selbst in die Hand zu nehmen? Bereit für deinen Erfolg zu kämpfen und nicht einfach so aufzugeben?

„Übernehme Verantwortung für dein Leben. Du bist derjenige, der dich dorthin bringt, wo du hin möchtest, niemand anderer.“

- Les Brown, Motivationstrainer

Nimm dir ruhig ein paar Minuten Zeit, um einmal in Ruhe darüber nachzudenken.

Wenn du bereit bist, an dieser einen Denkweise zu arbeiten und dich an den Aufbau deines Business zu binden (ganz egal was kommen mag), dann kommen wir auch schon zur nächsten Sache. Diese beiden gehen übrigens Hand in Hand. Denn jetzt will ich dich dazu auffordern, über deine Arbeitsweise nachzudenken. Versuchst du immer nur das *Nötigste* zu machen? Bist du bereit, Überstunden zu leisten, damit du das beste Ergebnis erzielen kannst? Bist du faul? Bist du perfektionistisch? Um mit deinem Online Business Erfolg zu haben, ist es wichtig, dass du fleißig bist und hart an deinen Projekten arbeitest, um das beste Ergebnis zu erzielen. Auch hier wäre es wieder gut, wenn du diese Denkweise meistern kannst. Es wird dir wirklich weiterhelfen!

„Du musst verstehen, dass es keine geheime Formel für das Leben gibt oder eine magische Pille, die du einfach schlucken kannst, und die dann all deine Probleme in Luft auflöst. Der einzige Weg, dein Leben zu dem zu machen, was du dir wünschst, ist:

Die ***Verantwortung*** *für dein eigenes Leben zu übernehmen und zu verinnerlichen, dass es nur auf dich ankommt. Du wirst keinen Sechser im Lotto gewinnen und plötzlich, ohne harte Arbeit, zum Millionär werden [...] Das wird nicht passieren! Nichts von alle dem wird passieren! Weißt du, was passieren wird? Was du* ***entscheidest****, wird passieren. Was du* ***MACHST*** *und worauf du jeden Tag hinarbeitest, ist das, was passieren wird! Und weißt du auch, warum du alles erreichen kannst, was du dir als Ziel setzt? Weil* ***niemand*** *dich aufhalten wird, außer dir selbst! Niemand wird sich dir willentlich in den Weg stellen und deine Ambitionen, dein Ziel zu erreichen, sabotieren. Du hast eine Idee zur Unternehmensgründung? Niemand wird zur Bank rennen und dem Angestellten erzählen, dass er dir deinen bevorzugten Kredit nicht geben soll. Niemand wird zu dir nach Hause gehen und deinen Computer mit Absicht anzünden, damit deine ganze Arbeit verloren geht."*

- Ausschnitt aus meinem Buch „Rise of the Authentic Lover - Vom Hi bis zum Sex", Kapitel 2

Als nächstes wollen wir sehen, ob du bereit bist für den Kampf gegen aufkommende Probleme. Diese werden mit sehr großer Wahrscheinlichkeit früher oder später auftreten – sie tun es in jedem Business. Bereitest du dich jetzt schon darauf vor? Du kannst diese nicht einfach ignorieren, auch wenn sie noch nicht da sind. Sei dir bewusst, dass sie kommen werden. Wenn es so weit ist, was wirst du dann also tun? Aufgeben? Oder wirst du weiterhin dafür kämpfen? Wie gesagt, die Denkweisen sind alle miteinander verbunden. Wenn du also auf Probleme stößt, solltest du weiterhin die ersten beiden Denkweisen anwenden. Das heißt also konkret, weiterhin hart arbeiten, eben weil du dich dazu verpflichtest hast. Siehst du wie wichtig es wirklich ist, deine Denkweisen von Anfang an zu meistern? Sobald du versuchst, deine Denkweisen erst dann zu meistern, wenn die Probleme schon da sind, wird der Prozess viel schwieriger sein. Und eventuell bist du dann so von den Problemen eingenommen oder abgelenkt, dass du es gar nicht mehr schaffst, gleichzeitig an den Problemen und deinen Denkweisen zu arbeiten. Nimm dir also ruhig Zeit, zuerst einmal an deinen Denkweisen zu arbeiten, noch bevor du mit dem Aufbau deines Business beginnst.

Das große Ganze

Des Weiteren ist es sehr hilfreich, wenn du **geduldig** bist. Auch das überschneidet sich wieder mit den anderen Denkweisen. Du brauchst Geduld, weil du mit deinem Business nicht gleich innerhalb von nur wenigen Tagen erfolgreich sein wirst. In vielen Fällen wirst du erst einmal wochen- oder sogar monatelange Arbeit investieren müssen, bevor du überhaupt Einnahmen erzielen wirst. Ein Punkt, der viele Leute dazu bewegt, zu früh aufzugeben. Die Geduld brauchst du unter anderem aber auch, um in den schweren Zeiten ausharren zu können.

Ein weiterer Bereich ist deine Fähigkeit, das Gesamtbild zu sehen. Dabei ist entscheidend, ob du immer nur ein kurzfristiges Denken an den Tag legst, oder ob du dir auch langfristig gesehen Gedanken über Dinge machst. Schaust du nur auf die Dinge, die direkt vor dir sind, oder denkst du auch über die Dinge nach, die weiter in der Zukunft liegen? Um erfolgreich mit deinem Business sein zu können, wirst du die Dinge längerfristig betrachten müssen. Das wird dir dabei helfen, deinen **Plan** zu erstellen, deiner **Vision** treu zu bleiben, **Ziele** zu definieren und diese auch zu verfolgen, und dich vor allem auch jetzt schon auf Probleme vorzubereiten. Du siehst also auch hier wieder, dass du eben nicht nur eine Denkweise meistern kannst und dann die anderen nicht mehr brauchst. Jede einzelne ist ausschlaggebend, weil sie, wie schon gesagt, Hand in Hand gehen. Wenn du die Dinge letztendlich längerfristig sehen kannst, kannst du auch leichter planen und das wird dir wiederum bei der folgenden Denkweise helfen.

Diese ist nämlich, ob du eine **Wachstumsmentalität** hast. Um dein Business für eine lange Zeit am Laufen zu halten (am besten wären Jahre bis hin zu lebenslang), musst du kontinuierlich an deinem Plan arbeiten. Dein Business sollte sich immer **weiterentwickeln**, damit du deinem Publikum gerecht bleibst.

Mit dem richtigen Start kann dein Business sehr viel Potenzial haben. Das solltest du auch nutzen, und deswegen ist es wichtig, fortlaufend an deinem Business zu arbeiten, damit es auch weiterhin wachsen kann. Zum einen, um noch mehr Leute zu erreichen, aber auch um der heutigen Zeit mit all ihren Veränderungen gerecht zu werden. Heutzutage entwickelt sich alles so schnell, da musst du echt am Ball bleiben, um den ganzen Veränderungen hinterher zu kommen. Das ist enorm wichtig, damit deine Website oder dein Blog und deine sozialen Netzwerke immer auf dem neuesten Stand sind.

Oder was ist, wenn zum Beispiel ein soziales Netzwerk nicht mehr genutzt wird und ein anderes dessen Platz eingenommen hat? Dann wäre es sehr schlau, wenn auch du das neue Netzwerk benutzt, um dein Publikum nicht zu verlieren. Siehe also zu, dass du solche Dinge ein wenig vorhersehen kannst, um dann schnellstmöglich darauf reagieren zu können, handeln und dich anpassen zu können, falls es wirklich so kommt. Auch das hat wieder mit der Fähigkeit zu tun, die Dinge **längerfristig** betrachten zu können.

Und dann spielen auch noch Denkweisen wie deine **Überzeugungen** und dein **Selbstbewusstsein** eine Rolle. An was glaubst du? Wie stehst du zu bestimmten Themen? Das kann religiöser, politischer, aber auch moralischer Art sein. Nicht, dass du das bei jedem Business dein Publikum wissen lassen musst, aber es kann hilfreich sein, einfach einmal darüber nachzudenken, nur für den Fall der Fälle. Und wenn du zum Beispiel einen Blog hast oder Produkte verkaufst – wie überzeugt bist du dann selbst davon? Wenn du nicht wirklich **selbst** von den Produkten **überzeugt** bist, die du verkaufen willst, oder von den Dingen, die du auf deinem Blog postest, dann wird dein Publikum das früher oder später erkennen. Und dann werden sie dir nicht mehr vertrauen und im schlimmsten Fall wird dir dein Business kein Geld mehr einbringen, weil du kein Publikum mehr hast. Siehe also zu, dass du nicht nur schnelles Geld verdienen willst, und deshalb möglicherweise schlechte Produkte oder einen schlechten Inhalt lieferst. Das wird dich langfristig gesehen nicht sehr weit bringen. Wie auch bei deinen Denkweisen, solltest du bei deinem Inhalt auf die **Qualität** achten und immer versuchen, deinem Publikum nur das **Beste** zu geben.

Die drei Stufen der Meisterschaft

Da wir hier vom Meistern der Denkweisen reden, einmal kurz erklärt, was die Schritte des Meistern eigentlich sind. Es gibt nämlich drei verschiedene Stufen, wenn es ums Meistern geht und zwar folgende: *etwas zu wissen, etwas zu tun und etwas zu leben.* Wenn du etwas lebst und es sozusagen ein Teil deines Lebens wird, dann hast du etwas gemeistert. Größtenteils kannst du das auch an deinen Resultaten sehen, vor allem wenn diese langfristig erzielt werden können. Wenn du also ständig etwas tust und dadurch kontinuierlich Resultate erzielst und es daher ein Teil deines Lebens wird, dann hast du die dritte Stufe erreicht. Aber um da anzukommen, musst du erst einmal das Wissen haben und dann dein Wissen in die Tat umsetzen, also etwas mit deinem Wissen tun. Und wenn du dann nach einiger Zeit bei der letzten Stufe angekommen bist, dann kannst du dich trotzdem noch nicht zurücklehnen und nichts mehr tun. Es ist ein endloser Prozess, bei dem du dich immer weiterentwickeln kannst und auch musst. Es gibt immer noch mehr Raum für Verbesserungen, du kannst stets besser werden und du kannst auch immer etwas Neues lernen. Und genau das willst du im Endeffekt erreichen. Um etwas wirklich zu meistern (also die letzte Stufe zu erreichen und das Gelernte und Umgesetzte zu leben), braucht es **viel Zeit** und **Geduld**. Es wird nicht einfach so von heute auf morgen geschehen. Dir sollte dabei bewusst sein, dass einfach nur das Wissen allein nicht genug ist.

Die Frage ist, was du mit dem Wissen anfängst. Das Wissen über etwas allein wird dir nicht helfen, diesen Bereich auch zu meistern. Das kann nur passieren, wenn du etwas unternimmst und das Wissen in die Tat umsetzt. Erst dadurch wirst du aus den Erfahrungen lernen, und mit der Zeit wirst du immer besser darin werden.

Eine erfolgreiche Person weiß, dass es besser ist, von den Fehlern anderer Menschen zu lernen, statt seine eigenen zu machen und dabei möglicherweise viel Zeit und/oder Geld zu verlieren. Aber du kannst auch von den Erfolgen anderer eine Menge lernen. Dieses Wissen kannst du nutzen, um dir deinen eigenen Weg zu erleichtern. Wenn du von anderen lernst, musst du den Weg nicht selbst erforschen oder das Rad neu erfinden. Warum solltest du denn nicht auch alle Mittel nutzen, die dir zur Verfügung stehen? Vor allem, wenn diese sehr hilfreich sind. Sobald du anfängst dein eigenes Ding durchzuziehen und versuchst alles neu zu erfinden, nimmt die Wahrscheinlichkeit zu versagen drastisch zu. Das ist der Grund, warum so viele Leute mit ihren Geschäftsideen scheitern – sie denken, sie müssten das Rad neu erfinden. Es ist also besser, für den Anfang bewährte Systeme zu verwenden und allen Vorgaben zu folgen. Wenn du das geschafft hast und Erfolge und gute Resultate erzielst, dann kannst du immer noch dein eigenes Ding machen und Dinge derartig verändern, wie du willst und lustig bist.

Eine letzte Denkweise wollen wir noch ansprechen. Diese ist möglicherweise sogar die wichtigste Denkweise in dem gesamten Prozess. Und zwar geht es hierbei um deinen **Einfallsreichtum**. Du musst die Person sein, die immer einen Weg findet. Egal um was es sich dabei handelt. Es heißt: *„Wo ein Wille ist, ist auch ein Weg."* Im Prinzip kannst du das zu deinem Lebensmotto machen, so wichtig ist es. In jedem Bereich kannst du Tausende von Ausreden und Gründen finden, warum du etwas **nicht** tun solltest oder warum es nicht funktionieren wird.

Aber um wirklich erfolgreich mit deinem Online Business zu sein, musst du über dem Ganzen stehen. Sobald dir eine Ausrede in den Sinn kommt, etwas nicht zu tun, oder sich dir ein Grund bietet, um aufzugeben, musst du mit deinem Einfallsreichtum eine Lösung finden.

Wenn du nicht genügend Geld hast, dann findest du einen Weg, um mehr Geld zu bekommen, wenn auch nur für einige Monate. Du hast keine Zeit? Dann findest du einen Weg, um wenigstens eine Stunde am Tag an deinem Business arbeiten zu können. Was immer es auch sein mag, du musst darüber nachdenken und eine Lösung finden. Dazu musst du aber auch entschlossen sein. Finde die Antworten und Lösungen, damit du deine Ziele erreichen kannst und die Resultate siehst, von denen du sonst nur träumst. Auch hierbei spielen die anderen Denkweisen wieder eine Rolle.

Beantworte dir folgende Fragen:

*Was ist meine **Vision**?*
*Was sind meine **Ziele**?*
*Was will ich **erreichen**?*

Werde zum Problemlöser

Um diese Denkweise meistern zu können, ist es aber auch enorm wichtig, dass du dich bereits vorher dazu verpflichtet hast und nicht mehr bei jeder Kleinigkeit ans Aufgeben denkst. Sei ein **Problemlöser**. Jemand, der in jeder Situation zu einer Lösung kommt. Denke so lange darüber nach, bis du das Problem lösen kannst, auch wenn es einmal länger dauert. Gib den Ausreden keinen Platz in deinem Leben. Oder den Geschichten von anderen Leuten, die einen Misserfolg hatten. Geh deinen eigenen Weg und lass dich von diesen Dingen nicht ablenken. Sie werden dir ansonsten den Kopf verdrehen und dir nur Streiche spielen. An was auch immer du mit voller Überzeugung glaubst, wird für dich wahr sein. Ganz egal, ob es wirklich wahr ist oder nicht. Du musst der Herr deiner Gedanken sein. Und das verlangt wirklich viel von dir und ist harte Arbeit, ich weiß. Aber schau auf das, was du wirklich erreichen willst. Sobald das einmal gemeistert ist, ist alles andere gleich um so vieles greifbarer. Gib nicht auf.

„Erfolgreiche Menschen machen das, wozu erfolglose Menschen nicht gewillt sind. Wünsche dir nicht, dass alles einfacher wird, wünsche dir, du wärst besser."

- Jim Rohn, Unternehmer und Autor

Vielleicht bist du zurzeit stark an einem eigenen Online Business interessiert und liest daher dieses E-Book, doch später entscheidest du dich trotzdem gegen das Business und machst etwas anderes. Das kann passieren und ist auch völlig in Ordnung. Wenn das der Fall bei dir ist, dann mach dir dennoch Gedanken über diese Denkweisen und gib dein Bestes, um diese zu meistern. Sie helfen dir nicht nur mit deinem Business, sondern sind hilfreich für dein **ganzes Leben**. Wenn du auch nur eine davon meisterst, dann können sich so viele Dinge in deinem Leben zum Besseren wenden und zum Positiven verändern. Nimm es dir zu Herzen und denke wirklich einmal darüber nach. Es ist so unglaublich wichtig.

Vergiss nicht, dass dieser erste Schritt das **Fundament** für dein Online Business legt. Und viele Leute haben dieses Fundament eben **nicht**, obwohl es so wichtig ist! Insgesamt werden wir uns 6 verschiedene Ebenen anschauen, aber wenn du die einzelnen Schritte in Proportion zueinander betrachtest, dann wäre das Fundament rund 50 Prozent des großen Ganzen *(auch wenn es in der Abbildung anders dargestellt ist*). So unglaublich wichtig ist es! Also nimm dir ruhig Zeit für den ersten Schritt. Es wird dir langfristig nicht helfen, wenn du nicht an diesem ersten Schritt arbeitest oder diesen als *nicht so wichtig* betrachtest. Setz dir selbst keine Grenzen. Du kannst das, du musst es nur wollen, hart daran arbeiten und an dich selbst glauben. Vertraue deinen Fähigkeiten und arbeite an deinen Zielen, um deine Träume zu verwirklichen.

Ausreden werden dir immer gewisse Grenzen setzen und dich vom Erfolg abhalten. Genauso werden sich dir auch Angst und Zweifel in den Weg stellen und dich an deinem Erfolg hindern, wenn du das zulässt. Du musst über dem Ganzen stehen und dir selbst eine Chance geben. Du bist höchstwahrscheinlich hier, weil du durch den Aufbau deines eigenen Online Business finanzielle Freiheit erlangen willst. Den finanziellen Aspekt deines Lebens zu meistern, und dir eines Tages keine Sorgen mehr über dein Bankkonto machen zu müssen, kann für eine große Erleichterung und starkes Wohlbefinden sorgen. Wohlbefinden und Glücksgefühle. Darum geht es hier – lerne deine Leidenschaften zu nutzen, damit Geld zu verdienen und realisiere, dass niemand außer DIR SELBST dich glücklich machen kann. Was auch immer dein Ziel sein mag: Du bist die EINZIGE Person auf der Welt, die das erreichen kann. Niemand, wirklich überhaupt niemand, wird dir wahre Glückseligkeit geben, außer du selbst. Deswegen ist dieser Schritt so wichtig. Es liegt voll und ganz bei dir, ob deine Anstrengungen am Ende von Erfolg gekrönt sein werden oder nicht.

Sei auch **nicht passiv!** Du musst etwas mit deinem Wissen **tun** und hart arbeiten, um deine Träume und Ziele zu erreichen. Die Passivität hindert viele Leute am Erfolg. Sie sind nur **Zuschauer**, anstatt sich ihre eigenen Hände schmutzig zu machen. Viele warten immer nur darauf gesagt zu bekommen, was sie als Nächstes tun sollen. Nimm die Initiative in die eigene Hand und **mach etwas**. Du musst **aktiv** sein, um etwas erreichen zu können. Dabei kann dir ein Plan zum Beispiel sehr hilfreich sein, da du schon die nächsten Schritte vorausgeplant hast und dadurch immer weißt, was als Nächstes kommt. Mit dem Wissen kannst du schneller und einfacher aktiv werden und den nächsten Schritt in die Tat umsetzen.

Falls du wirklich Hilfe brauchst, um dein Fundament zu legen, oder Geld investieren willst, damit dein Business besser funktioniert, dann wäre es am sinnvollsten und schlauesten in den ersten Schritt zu investieren. Das kann durch einen Mentor erfolgen oder durch Training im Sinne von Seminaren und (Video-) Kursen. Oder du kannst auch einfach versuchen mehr Bücher über dieses Thema zu lesen. Für was auch immer du dich entscheidest, stelle sicher, dass du ein gutes Fundament hast. Stell dir einmal folgende Frage:

„Warum will ich ein Online Business betreiben und online mein Geld verdienen?"

Was auch immer dein persönlicher Grund ist, dieser wird dich **antreiben,** um deine Ziele zu erreichen. **Merk ihn dir** und schau was du damit machst. Falls du später einmal an einen Punkt kommst, an dem du dich fühlst als würdest du feststecken und nicht mehr vorankommen, dann kannst du auf deinen Grund zurückschauen. Dieser wird dir dann Motivation zum Weitermachen geben. Falls er dies nicht tut, dann erstelle eine Liste mit **100 Gründen,** *warum* du erfolgreich mit deinem Online Business werden willst. Ich verspreche dir, dass diese Liste dir jedes Mal beim Betrachten einen unglaublichen Motivations-Schub geben wird. Wenn du jetzt denkst, dass dir unmöglich 100 Gründe einfallen würden, dann muss ich dir mitteilen, dass du dein Vorhaben anscheinend nicht ernst genug nimmst. Setz dich hin und schreibe alle Gründe auf, die dir einfallen. Im Prozess des Aufschreibens werden dir noch weitere einfallen, und selbst wenn du etwas mit dir kämpfen musst, um die Liste zu füllen, wirst du es am Ende dennoch schaffen, solange dir dieses Thema wirklich wichtig ist. Eine solche Liste habe ich selbst bereits für viele meiner Lebensbereiche aufgestellt, und sie war jedes Mal von großem Wert für mich, wenn ich mal wieder ein Tief erlebt habe.

Die richtige Einstellung: Geben, statt nehmen

Die erfolgreichsten Menschen dieser Welt messen ihren Erfolg nicht anhand von ihrem Umsatz. Sie messen ihn daran, wie vielen Menschen sie helfen. Wieviel Mehrwert sie erschaffen. Wie viele Leben sie zum Positiven verändern. Wenn du online viel Geld verdienen willst, dann arbeite daran, das Leben von so vielen Menschen wie nur irgendwie möglich zu verbessern oder zu erleichtern. Je mehr Menschen du helfen kannst ihre eigenen Ziele zu erreichen oder Probleme zu lösen, oder sie einfach nur zu unterhalten, desto mehr Geld wirst du am Ende auch verdienen. Das verspreche ich dir!

Finde deinen eigenen Style und gib nicht vorher auf

Niemand will eine Kopie sehen. Du musst in dem, was du tust, authentisch bleiben und mit der Zeit deinen eigenen Style finden oder entwickeln, um dich von deiner Konkurrenz abzuheben. Dich zu verhalten, zu sprechen oder zu schreiben wie jemand anderes, ist etwas, was dich nicht aus der Maße hervorstechen lassen wird, und dir dadurch weniger Einnahmen einbringt.

Wichtig ist auch, nicht aufzugeben, nur weil du deinen Style (oder deine *Stimme*) noch nicht gefunden hast. Wie wichtig es ist, niemals aufzugeben, habe ich von Winston Churchill gelernt. **Winston Churchill**, ehemaliger Premierminister von Großbritannien, sagte in seiner letzten öffentlichen Rede Folgendes:

„Gib' nie, nie, nie, nie, gib' niemals auf!"

Einige Jahre zuvor, im Zweiten Weltkrieg, hatten ihm seine Militärberater geraten, endlich aufzugeben: *„Die Deutschen sind einfach zu stark, sie werden ganz England in Schutt und Asche bomben. Wir sollten kapitulieren."* Churchill war sich nicht sicher, was er tun sollte. Als am Abend, wie schon so oft zuvor, Fliegeralarm gegeben wurde, stellte er sich auf die Terrasse seines Londoner Wohnsitzes und blickte Richtung Himmel. Er sah, wie die deutschen Bomber wieder ihre tödliche Fracht über der englischen Hauptstadt abluden. In diesem Moment ballte er die Fäuste und schrie nach oben: *„Mich schafft ihr nicht! Ich gebe nie, nie, nie, nie, ich gebe niemals auf!"*

Die vielen „Nie's" in dem „Nie, Nie, Nie..." stehen dabei stellvertretend für die ganzen Hindernisse und Plateaus, auf die man in seiner persönlichen Entwicklung immer wieder stößt. Genau an solch einer Stelle nicht aufzugeben und einfach weiterzumachen – unterscheidet Gewinner von Verlierern! Schmeiß also nicht das Handtuch, bevor du nicht auch erfolgreich mit deinem Online Business geworden bist.

Die 1.000 Hardcore-Fan-Regel

Falls du denkst, dass du Hunderttausende oder sogar Millionen von Fans benötigen wirst, um Geld damit zu verdienen, dann liegst du mit dieser Vermutung komplett falsch. Die 1.000 Hardcore-Fans-Regel wurde erst richtig bekannt durch **Timothy Ferriss**, dem Autor von *„Die 4 Stunden Woche"*. Diese Regel besagt, dass ein Künstler jeglicher Art (und das bist du in meinen Augen) lediglich 1.000 treue (hardcore) Fans benötigt, um von seiner Leidenschaft leben zu können. Um dir zu zeigen, wie diese Regel in einem Online Business angewandt werden kann, will ich YouTuber als Beispiel heranziehen. Sie sind es, die von dieser Regel sehr leicht profitieren können.

Beispiel anhand eines YouTube-Channels:
Stell dir vor, du hast nach einem gewissen Zeitraum einen YouTube-Channel mit 15.000 Abonnenten aufgebaut. Vielleicht sogar weniger. Wenn sich unter diesen Abonnenten 1.000 Hardcore-Fans verstecken, dann wirst du bei jeder neuen Ankündigung eines deiner Produkte, Kurse oder Affiliates 1.000 Verkäufe erwarten können. Diese Rechnung beinhaltet noch nicht einmal die paar Halb-Fans oder Zufallskäufer. Allein wenn du jedes Quartal so etwas Simples wie ein bedrucktes T-Shirt auf deiner Plattform herausbringen würdest, sagen wir einmal bedruckt mit einem individuellen und persönlichen Spruch von dir, deinem Channel-Logo oder etwas anderem, mit dem die Zuschauer dich in Verbindung bringen, dann sind das bei einem Verkaufspreis von z.B. 25 € x 1.000 Hardcore-Fans = **25.000 €!**

Abzüglich der Anteile deiner Provision am Verkauf und die zu zahlenden Steuern, wären das ca. 13.500 €. Teilst du diese Summe durch 3 (wenn du solch eine Aktion z.B. nur jedes Quartal startest), dann wären das 4.500 € NETTO im Monat. Und das nur für ein VERKACKTES T-SHIRT!

Erkennst du das Potenzial dahinter? Verstehst du, worauf ich hinaus will? Wie schaut es mit anderen Produkten aus? Mit Produkten deiner Affiliates? Und das Ganze funktioniert nicht nur mit YouTube. Stell dir einen anderen Social-Media Account vor? Oder stell dir deine E-Mail Liste mit 1.000 Hardcore-Fans vor? Die Möglichkeiten sind unglaublich groß!

Es wird allerdings Zeit benötigen, solch eine Fanbase aufzubauen und zu pflegen. Hast du es aber irgendwann einmal geschafft, dann musst du dir nie wieder Gedanken darüber machen, wie du zu Geld kommen kannst. Das verspreche ich dir!

Bleibe dem Prozess treu

Der Moment, in dem ich meinen ersten Euro online verdient habe, kam einer Offenbarung gleich. Nach einigen Tagen hatte ich bereits 10 € verdient. Tage später waren es 20 € und am Ende meines ersten Monats 150 €. In meinem Kopf begann es Klick zu machen. *„Wenn ich in der Lage bin, 150 € zu verdienen, dann kann ich durch noch mehr Aufwand auch 500 € monatlich verdienen. Wenn ich 500 € verdienen kann, dann kann ich auch 1.000 € monatlich verdienen. Wenn ich 1.000 € verdienen kann, dann kann ich auch…"* und so weiter und so fort. Ich will, dass du begreifst, dass du dasselbe tun kannst. Setz dir ein großes Ziel, mehrere kleinere Etappen-Ziele (um das Große zu erreichen), und bleibe dem Prozess treu. Hör nicht auf. Gib nicht auf. Mach immer weiter. Genieße den Prozess und wachse an ihm. Um jemand zu sein, der durch sein Online Business seinen Lebensunterhalt verdient, musst du zu jemanden **werden**, der mit seinem Online Business seinen Lebensunterhalt verdient.

Erstelle Serien

Egal für welche Plattform du dich am Ende entscheidest. Egal für welche Methode der Monetarisierung (des Geldverdienens) du dich später entscheidest. Und egal für welche Sorte von Produkten du dich in deiner Nische entscheidest: Wenn das Potenzial zur Erstellung einer Serie besteht, dann nutze es! Jemand, dem dein erster Artikel, dein Video, dein Post, deine E-Mail oder dein Produkt zu einer bestimmten Nische gefallen hat, wird mit hoher Wahrscheinlichkeit auch gewillt sein, eine Folgeveröffentlichung dazu zu konsumieren. Versuche also so gut wie es geht, in **Serien** und **Reihen** zu denken und zu veröffentlichen.

DOMINIERE deine Nische

Im nächsten Kapitel wirst du lernen, eine Nische auszuwählen. Behalte im späteren Aufbau deines Business dabei immer im Hinterkopf, dass du diese Nische dominieren musst! Egal für welche Tätigkeit du dich später entscheidest, und egal wie dein Online Business später einmal aussehen soll – lerne die Nische, in der du dich befindest, zu dominieren. Was ich damit meine? Du sollst so viele Inhalte veröffentlichen, dass, wenn jemand nach etwas bestimmten auf Google, YouTube oder Amazon sucht, du die Suchergebnisse mit deinen Inhalten dominierst. Völlig egal, ob es sich dabei um Artikel, Videos, physische oder digitale Produkte handelt. Dominiere die Suchergebnisse!

Meistere den ersten Schritt

Bevor du das Kapitel abschließt und zum 2. Schritt übergehst, nimm dir wirklich einmal Zeit, um über das Gelernte nachzudenken. Wenn du viel Zeit in einen Schritt investieren willst, dann sollte es dieser erste sein, weil dieser deine gesamte Grundlage ausmacht. Und auch wenn du die Denkweisen schon gemeistert hast, dann hör trotzdem nicht auf an ihnen zu arbeiten und an ihnen zu feilen. Es ist die Wiederholung von Dingen, die du schon weißt, die dir helfen wird, dieselben Dinge kontinuierlich zu meistern und daran zu wachsen. Durch Wiederholung und Anwendung des Gelernten kann es ein Teil deines Lebens werden, indem es zu deinen Angewohnheiten wird. Auch Denkweisen können zu deinen Angewohnheiten werden. Mit der Zeit wird es dann immer leichter, in den verschiedensten Situationen angemessen zu reagieren.

Kapitel 2: Auswahl deiner Nische

Im nächsten Schritt geht es um deine Nische. Schau dir ruhig einmal verschiedene Blogs, Webseiten, soziale Netzwerke oder Produkte von verschiedenen Online Business-Bereichen an und du wirst feststellen, dass sich jedes einzelne um ein ganz bestimmtes Thema dreht. Das kann was ganz Allgemeines sein oder sehr spezifisch. Vielleicht findest du auch ein paar, die zwar ein relativ offenes Thema behandeln, sich dann aber trotzdem noch auf ein paar Unterthemen konzentrieren. Vielleicht hast du das auch schon einmal unter dem Begriff der Kategorie gehört. Ein weiterer Begriff dafür ist eben auch Nische, welchen wir hier verwenden wollen. Um es also klarzustellen, deine Nische ist nichts anderes, als eine Einordnung in eine Kategorie oder die Auswahl eines Hauptthemas, vor allem für deinen Blog und deine sozialen Netzwerke. Wenn du zum Beispiel ein Business im Dienstleistungssektor eröffnen möchtest, dann würdest du für deine Nische eher auf einen Marktbereich oder eine Industrie schauen. Aber auch das ist ja dann im Prinzip nur eine Kategorie. Kurz gesagt, eben deine Nische. Nur zur Information, die Nische existiert nicht nur im Online Business. Jedes Business, egal ob online oder nicht, hat eine bestimmte Nische oder Kategorie, die es bedient.

Bei der Auswahl der Nische sind dir kaum Grenzen gesetzt. Es gibt unglaublich viele verschiedene Nischen. Wenn du schon ganz genau weißt, was für ein Online Business du starten möchtest, dann sollte dieser Schritt nicht allzu schwer für dich sein. Du musst dann nur überlegen, ob du eine relativ offene Nische wählst oder dich lieber auf ein Unterthema konzentrieren willst. Dazu später aber noch mehr.

Übersicht und Auswahl der Nische

Als erstes wollen wir uns einmal anschauen, welche Nischen es so gibt. Ein paar Beispiele sind Gesundheit, Fitness und Sport, Beziehungen und Ehe, Reisen, Musik, Kochen und Backen, Schönheit, Gartenarbeit, Selbstverwirklichung. Deine Nische kann aber auch im Businessbereich oder der Vermarktung liegen. All diese Nischen gehören zu den offeneren, und du kannst zu jeder einzelnen noch passende Unterthemen finden. Gesundheit und Fitness sind zwei sehr offene Nischen. Wenn du aber zum Beispiel sagst, du willst Leuten beim Abnehmen helfen oder ihnen zeigen, wie sie mehr Muskelmasse aufbauen können, dann wirst du sehr spezifisch. Hiermit wären wir dann also schon bei den Unterthemen angekommen. Sobald du noch weitere Kategorien findest, kann deine Nische noch spezifischer werden. Ein Beispiel dafür ist, wenn du sagst, du konzentrierst dich nur auf das Abnehmen für Männer oder nur für Mütter. Damit wird deine Nische immer kleiner und feiner. Du solltest jedoch darauf achten, dass deine Nische nicht zu klein wird, weil du sonst nur wenige Leute erreichen kannst. Eben nur die Leute, auf die deine ganzen Unterkategorien zutreffen.

Du kannst also für jede Nische noch Unterkategorien finden. Im Bereich Musik kannst du dich zum Beispiel auf eine bestimmte Musikrichtung festlegen, wie Pop oder Rock oder eben auch Country. Bei Sport kannst du dich auf eine Sportart festlegen, bei Reisen auf nur ein Land oder einen Kontinent. Für Beziehungen kannst du sagen, du willst den Teenagern helfen, die zum ersten Mal Beziehungen eingehen oder du hast Tipps für alleinerziehende Mütter, die wieder auf Partnersuche gehen wollen. Wie du siehst, steht dir so gut wie die ganze Welt offen. Es gibt so viele Themen, die du auswählen kannst, dass du dich vielleicht kaum entscheiden kannst. Lass mich dir daher ein wenig bei der Entscheidung helfen.

Du bist nun soweit dein Business aufzubauen und hast hoffentlich den ersten Schritt bereits verinnerlicht. Du weißt jetzt schon, was eine Nische ist, und dass dein Business in eine Nische eingeordnet werden sollte. Wie genau kannst du dabei vorgehen und dich zwischen all den Nischen entscheiden?

Hoffentlich hast du dir im ersten Kapitel Gedanken über deine **Vision** gemacht und was du mit deinem Blog oder deinem Online Business **erreichen** willst. Das sollte dir bei der Auswahl helfen. Falls es dir immer noch schwerfällt, dann setze dich ruhig einmal hin und mach ein sogenanntes Brainstorming. Das kann einfach nur eine Liste mit Ideen sein, oder eine Art Karte mit deinem Hauptthema in der Mitte und allen weiteren Ideen drum herum sowie Querverweisen, wie diese miteinander in Verbindung stehen. Du kannst aber auch in eine Bibliothek oder einen Buchladen gehen und schauen, in welche Kategorien die Bücher dort eingeteilt sind.

Wenn dir das zu old school ist, kannst du auch einfach Amazon mit seinen ganzen Kategorien dafür nutzen. Im Endeffekt ist das nichts anderes als eine Einteilung in Nischen. Dort gibt es den Bereich für Kochen, Reisen, Sprachen, Biografien, Historisches und viele weitere Themen. Vor allem in der Bibliothek hilft dir diese Einteilung, um bestimmte Bücher schneller zu finden und um einen besseren Überblick zu bekommen. Im Prinzip willst du genau das auch in deinem Online Business erreichen, wenn du eine Nische dafür festlegst. Es wird deinen Lesern und deinem Publikum helfen, einen Überblick zu bekommen, und dadurch bekommst du hoffentlich das richtige Publikum. Am besten ist es, wenn deine Leser oder dein Publikum an deinen Themen interessiert sind und dein Inhalt auf ihre Situation zutrifft. Damit willst du sichergehen, dass du auch wirklich die Teenager oder die alleinerziehenden Mütter erreichst, wenn du deine Nische dementsprechend ausgewählt hast.

Gehen wir noch einmal zurück zum Beispiel der Bibliothek oder des Buchladens (oder meinetwegen der Hauptseite von Amazon). In welchem Bereich hältst du dich denn gerne auf? In welchem Bereich könntest du Stunden verbringen? Und von welchem Bereich möchtest du gerne noch viel mehr lernen? Die Antworten auf diese Fragen können ein guter Anfang bei der Auswahl deiner Nische sein. Es ist nicht unbedingt notwendig, dass du ein großes Interesse an der Nische hast, aber es wäre auf jeden Fall von Vorteil. Vielleicht findest du ja sogar ein Thema, für das du wirklich **leidenschaftlich** brennst oder von dem du **sehr begeistert** bist. Wenn du eine Nische wählst, die du magst, oder die dich wenigstens ein kleines bisschen interessiert, dann wird dir das **enorm** von Vorteil sein. Zum einen wird es leichter für dich und zum anderen wird es auch wertvoller für deine Kunden sein. Leichter für dich wird es sein, weil es ziemlich langweilig werden kann, wenn du über etwas schreiben musst (z.B. Verkaufstexte oder Artikel), das du selbst überhaupt nicht magst.

Wenn du selbst nicht gerne deinen Bauch trainierst, dann wirst du wahrscheinlich deinem Publikum keine Tipps geben können, wie sie einen flacheren Bauch in nur 3 Monaten bekommen können. Es sei denn, du kannst dich selbst zum Trainieren überwinden und gibst daraufhin Tipps, wie andere es auch schaffen können. Wenigstens ein Interesse an der Nische zu haben, wird dir aber helfen, weil du dann selbst mehr über das Thema erfahren und lernen willst. Außerdem wird es dir auch einfach viel mehr Spaß machen, wenn es um Dinge geht, die du selbst magst.

Für dein Publikum wird es wertvoller sein, weil du dann viel offener und lockerer mit dem Thema umgehen kannst und dein Publikum schneller Vertrauen zu dir aufbaut. Stell dir doch einmal vor, du vermarktest ein Produkt, welches du selbst nie verwenden würdest, deinem Publikum gegenüber aber immer wieder erzählst, wie gut es doch ist.

Sobald dein Publikum herausfinden sollte, dass du dein eigenes Produkt selbst gar nicht magst, werden sie enttäuscht sein und dich mit großer Wahrscheinlichkeit nicht mehr unterstützen. Verlierst du aber dein Publikum, dann verlierst du auch Kunden und folglich deine Einnahmen.

Du solltest jedoch auch darauf achten, dass du mit deiner Nische ein relativ gutes Potenzial hast, um Geld zu verdienen. Achte darauf, was die Leute heutzutage wollen. Gib ihnen immer nur das, was sie WOLLEN, nicht das, was du denkst, dass sie es *brauchen* würden. Denn in den meisten Fällen würdest du dann in einen schwachen oder nicht-existierenden Markt eintreten, und es zu Beginn somit extrem schwer haben, überhaupt Kunden zu gewinnen. Einige Nischen werden immer ein Potenzial haben, so zum Beispiel **Gesundheit, Fitness und Beziehungen**. Egal was kommt, Leute werden immer ein Interesse an diesen Nischen haben. Wenn du dich darauf konzentrierst, dann hast du schon einmal gute Karten. Am besten forschst du selbst mal ein bisschen nach und entwickelst eine kleine Strategie für deine Nische. Denk über deinen Inhalt nach und schau dann auf den entsprechenden Bedarf und die Nachfrage. Sind diese hoch, dann hast du gute Chancen. Jedoch wirst du nicht viel Geld verdienen, wenn die Nachfrage nach deinem Produkt oder Thema eher gering ist.

Wichtige Tools

Um zu erfahren, ob eine Nische bzw. ein Markt lukrativ für dich sind, empfehle ich dir die entsprechenden Suchbegriffe mit folgenden Tools hinsichtlich dem Suchvolumen zu überprüfen:

- **Google Trends**
- **Google Ads Keyword Planner**
- Mein absoluter Favorit: **Keywords Everywhere**

All diese Tools stehen dir völlig kostenlos zur Verfügung. Sie werden dir dabei helfen, Nischen (bzw. Suchbegriffe für verwandte Nischen) zu erforschen. Je nachdem, wie häufig bestimmte Suchbegriffe von anderen Leuten monatlich gesucht werden, kannst du eine Tendenz erkennen, ob deine Nische (bzw. der Markt) am Ende lukrativ für dich sein wird oder eben auch nicht. Diese Vorgehensweise vor allen anderen Schritten zu verwenden, unterscheidet „möchte-gern“ Online Unternehmer von den erfolgreichen.

Es geht auch anders

Falls du übrigens keinerlei besondere Interessen hast oder dir überhaupt keine Ideen einfallen, will ich dir noch ein kleines Beispiel geben. Du kannst nämlich dein Business auch ganz gut um deine eigenen Erfahrungen herum aufbauen. Was sind zum Beispiel Dinge, die du über die Jahre hinweg gelernt hast? Hast du Tipps und Tricks, die anderen Leuten helfen können? Von welchem Bereich hättest du gerne selbst mehr Inhalte im Internet? Welche Themen brauchen noch viel mehr Ressourcen? Bist du von einem Produkt so überzeugt, dass andere es auch haben sollten? Gibt es etwas, das du unbedingt noch lernen möchtest?

Stell dir einmal diese Fragen, nutze die oben erwähnten Tools zur Recherche und schau einfach was dabei herauskommt. Damit du noch einen weiteren Anstoß findest, kommen wir jetzt zu einem Beispiel. Angenommen du hast soziale Ängste, dann kann sich dein Online Business auch sehr gut darauf konzentrieren. Das Potenzial ist vorhanden, denn viele Leute haben derzeit Probleme damit. Um darüber schreiben zu können oder um ein Produkt zu entwerfen, musst du noch lange kein Experte sein.

Du kannst den Leuten einfach erklären, was genau es ist, wie sich betroffene Leute fühlen und wie die Leser betroffenen Leuten helfen können. Alles basierend auf deinen Erfahrungen und was dir bis jetzt so geholfen hat. Lass die Leute ruhig wissen, was du in dem Prozess mit dieser Krankheit alles gelernt hast und noch immer lernst und welche Schritte du unternimmst, um besser damit umgehen zu können. Was sind Dinge, die dir helfen, und was beeinflusst deine Ängste oder was macht es für dich schwerer? Dein Publikum kann ein Teil von dem Prozess werden. Zum einen kannst du dadurch viel Neues dazu lernen, um deine eigenen Ängste zu überwinden, weil du dich intensiver damit beschäftigst. Und zum anderen kannst du dadurch aber auch ein Vorbild für andere mit denselben Problemen werden, und eventuell sogar den Leuten dabei helfen, die Krankheit besser zu verstehen und Betroffenen folglich besser helfen zu können, aber eben gleichzeitig auch Geld damit verdienen.

Über seine eigenen Erfahrungen zu schreiben, kann sehr von Vorteil sein. Wenn du durch schwierige Zeiten gehst, dann wirst du dabei so gut wie immer etwas lernen können. Du wirst immer etwas Neues lernen und neue Erfahrungen sammeln. Manchmal lernst du Dinge, die du womöglich ohne die Höhen und Tiefen in deinem Leben sonst nie gelernt hättest. Solltest du durch sehr schwierige Zeiten gehen, die mit sehr viel Schmerz und vielen verschiedenen Emotionen verbunden sind, dann können diese dir helfen, ein tieferes Mitgefühl für andere Menschen in der gleichen oder einer ähnlichen Situation zu entwickeln. Vielleicht berührt es dich auch so sehr, dass du nicht willst, dass andere Leute den gleichen Schmerz erfahren. Und dementsprechend kannst du über deine Erfahrungen reden, andere Leute davor warnen und sie in gewisser Weise auf die harten Zeiten vorbereiten, aber auch die schon betroffenen Leute unterstützen. Lass sie wissen, dass du in einer ähnlichen Situation warst und was es war, das dir dabei geholfen hat, dies zu überstehen.

In diesem Fall kannst du also aufgrund deiner eigenen Erfahrungen anderen helfen etwas zu meistern und dadurch Geld verdienen.

Im 2. Kapitel sind (genauso wie auch im 1. Kapitel) zunächst einmal viele Dinge und Anregungen, über die du erst einmal nachdenken solltest. Und dann musst du sicherlich daraufhin ein paar Entscheidungen treffen. Nimm dir auch hier wieder ein wenig Zeit dafür und schau, was dabei herauskommt. Und nur so zur Info, falls du eine Nische wählen willst, mit der du viele Leute ansprechen kannst, sind hier die drei größten Nischen überhaupt: **Gesundheit** (Fitness eingeschlossen), **Vermögen** bzw. Reichtum und **Beziehungen**. In diesen Nischen wirst du mit hoher Wahrscheinlichkeit immer ein Publikum finden. Außerdem werden diese Nischen auch noch in einigen Jahren an Bedeutung und Interesse zunehmen.

Kapitel 3: Branding / Erschaffung deiner Marke

Kommen wir nun zum nächsten Schritt. Hierbei geht es um deine Marke. Diese dreht sich hauptsächlich um dein Produkt. Sei das nun ein Buch, welches du veröffentlichen möchtest, ein digitales oder physisches Produkt, welches du verkaufst, oder eine Dienstleistung, die du deinen Kunden anbietest.

Deine Marke wird dein neuer Name sein und der Punkt, um den sich dein ganzes Online Business drehen wird. Anhand deiner Marke werden dich Leute aussuchen und dir folgen. Dein Ziel sollte sein, dass deine Marke höchst **vertrauenswürdig** ist. Sie ist sehr wichtig für deine weitere Zukunft als Online-Unternehmer. Daher sollte deine Marke einen guten Wiedererkennungswert haben. Es gibt so viele Markennamen, von denen auch du sicher schon oft gehört hast, und welchen du selbst vertraust. Leute haben Lieblingsmarken und diese beeinflussen, welche Produkte sie letztendlich kaufen. Meistens kaufen sie eben mehr Produkte von Marken, die sie mögen. Und das passiert nicht von heute auf morgen. All diese Marken mussten sich ihren Namen erst einmal **aufbauen** und in einigen Fällen vielleicht sogar erkämpfen. Es wird immer eine Konkurrenz geben und genau deswegen muss deine Marke vor Qualität nur so strotzen.

„Just do it" – wer kennt diesen Spruch von Adidas nicht?

Bevor wir uns konkret anschauen, was deine Marke alles beinhalten und ausdrücken sollte, hier ein paar Beispiele von Marken, von denen du bestimmt schon einmal gehört hast. Vielleicht sind auch einige deiner Lieblingsmarken dabei.

Ganz typisch Apple für das iPhone oder das MacBook. Haribo für Gummibären, Adidas für Schuhe und Sportartikel. Bei der Marke geht es aber nicht nur um bestimmte Produkte, sondern auch um das Business allgemein und deren Services bzw. Dienstleistungen. In diesem Sinne kann also auch Amazon als eine Marke erwähnt werden. BMW ist eine Marke, Volvic, LEGO, Coca Cola, H&M und so viele weitere. Auch Kaufland und dm kann man als Marken nennen. Obwohl beide Läden viele Produkte von verschiedenen Marken anbieten, so haben diese jedoch auch ihre eigene Hausmarke im Sortiment. Im Verhältnis zu allen existierenden Marken sind die eben genannten nur ein ganz kleiner Bruchteil von dem großen Ganzen. Es gibt so unendlich viele verschiedene Marken. Im Prinzip gehört alles was man kaufen kann in irgendeiner Form zu einer Marke. Daher ist es wichtig, dass du eine Marke aufbaust, um langfristig erfolgreich sein zu können.

Deine Marke wird später deinen Vermögenswert festlegen. Mit Hilfe der Marke wirst du in der Zukunft dein Geld verdienen. Mach dir also auch hierbei wieder viele Gedanken und nimm dir ruhig ein wenig Zeit. Du solltest bei deiner Marke von Anfang an auf Qualität achten. Das wird später hilfreich sein, wenn du versuchst das Vertrauen deiner Kunden zu gewinnen. Im Vergleich zu Quantität, sollte Qualität in deinem Business immer eine höhere Priorität haben. Die Leute werden immer mehr auf die Qualität deiner Arbeit achten als auf die Quantität. Das bedeutet zwar nicht, dass du die Quantität gar nicht beachten solltest, aber du solltest eine Balance zwischen den beiden finden, die gut für dich, dein Business und deine Kunden bzw. dein Publikum funktioniert.

Also, an was genau solltest du alles denken, wenn du deine Marke aufbauen möchtest?

Zu allererst muss du einen Namen für dein Business und damit auch für deine Marke bestimmen. Dieser Name sollte mit deiner Nische übereinstimmen, damit du die Aufmerksamkeit vom richtigen Publikum bekommst. Wie gesagt, wenn du Kurse oder Produkte für Männer anbietest, dann willst du kein Publikum haben, welches zu 70 Prozent aus Frauen besteht. Dein Name ist sehr wichtig, weil er der ausschlaggebende Punkt ist, an den sich deine Kunden hoffentlich erinnern werden. Wenn sie sich den Namen gut einprägen können und von deinem Produkt überzeugt sind, dann hast du gute Chancen, dass sie deinen Namen (also deine Marke) an ihre Freunde und Bekannten oder Kollegen weiterempfehlen werden.

Somit kannst du mehr Kunden bekommen. Das ist aber nur der Fall, wenn dein Name bekannt ist und deine Kunden dir vertrauen und von deinem Produkt überzeugt sind. Um wirklich erfolgreich zu sein, braucht es also mehr als nur mal kurz ein Buch zu veröffentlichen oder ein Produkt auf Amazon auszuschreiben. Wenn die Leute dich nicht kennen, dann werden sie in den wenigsten Fällen dein Produkt kaufen oder deine Services in Anspruch nehmen. So sind wir Menschen nun einmal, das ist ganz normal. Das kann dir also zum Nachteil sein, oder aber du berücksichtigst das, wenn du an deinem Online Business arbeitest und es wird dir folglich zum Vorteil dienen. Diese Entscheidung kannst nur du treffen.

Du kannst kurzzeitig Erfolg mit einem Online Business haben, ohne die ersten 3 Schritte großartig zu beachten. Aber langfristig gesehen wird es dir viel besser ergehen, wenn du diese mit großer Sorgfalt abarbeitest.

Du solltest auch darauf achten, dass keine Namen oder Wörter in deinem Markennamen vorkommen, die geschützt sind. Das kann dir ansonsten später sehr viel Ärger einbringen oder dich sogar sehr viel Geld kosten.

Außerdem ist es nicht gut für dein Online Business und deine Marke, wenn du zu einem späteren Zeitpunkt deinen Namen ändern musst. Das kann für deine Kunden sehr verwirrend sein, oder aber Leute können deine Website oder deine sozialen Netzwerke nicht mehr finden, weil sie nur deinen alten Namen kennen. Das wäre wirklich sehr schade für dein Online Business.

Solltest du jetzt also anfangen über einen Namen für dein Business und deine Marke nachzudenken, dann kann es sehr hilfreich sein, wenn du über ein paar Tage hinweg deine Ideen für einen Namen aufschreibst. Vielleicht ist der erste Name, der dir in den Sinn kommt, der beste. Aber vielleicht fällt dir ein paar Tage später auch noch ein besserer ein. Wenn du alle Namen und Ideen aufschreibst, dann kannst du sie besser vergleichen und schauen, was deine Favoriten sind. Am besten wäre es auch, wenn du dir mal ein wenig Zeit nimmst sobald du ein paar Ideen hast und diese einfach nur mal bei Google oder einer anderen Suchmaschine oder sogar bei den sozialen Netzwerken eingibst.

Nutze dafür zum Beispiel: **namecheckr.com**

Dadurch kannst du herausfinden, ob schon jemand anderes diesen Namen für sein Business oder sein Profil benutzt. Sollte das der Fall sein, dann konzentriere dich mehr auf die Namen, die noch keiner benutzt hat. Oder versuche wenigstens ein paar Abwandlungen zu finden. Es wäre wirklich schade, wenn du den erstbesten Namen nimmst und später feststellen musst, dass jemand anderes diesen auch schon benutzt.

Und wie gesagt, es kann manchmal auch ganz hilfreich sein, wenn du mal einen Freund fragst oder vielleicht hast du sogar einen Mentor, der dir bei der Auswahl helfen kann. Wer weiß, vielleicht fällt ja einem von ihnen ein noch besserer Name ein. Oder sie können dir wenigstens ehrlich sagen, was sie von deinen Ideen und Namen halten, und ob sich diese gut einprägen lassen. Achte auch auf deine Schreibweise.

Manchmal sind einige Namen bei den sozialen Netzwerken schon vergeben und Leute erfinden dann ganz neue und komische Schreibweisen, nur um den Namen nicht noch einmal ändern zu müssen. Dann kann es jedoch passieren, dass dein späteres Publikum zwar deinen Namen, nicht aber die genaue Schreibweise kennt. Demnach kann es durchaus schwer für sie sein, deine Marke an ihre Freunde weiterzuempfehlen, oder deine Website bzw. sozialen Netzwerke zu finden.

Wenn du dir jetzt also einen Namen für dein Business und deine Marke ausgewählt hast, dann ist der nächste Schritt eine Website oder einen Blog zu kreieren. Am besten geht das Hand in Hand mit einer Business-Seite für die sozialen Netzwerke (z.B. Facebook, Twitter, YouTube etc.). All diese Seiten sollten auf jeden Fall deinen ausgewählten Namen tragen. Es ist auch hilfreich, wenn du deinen Partner, deine Freunde oder einen Mentor fragst, was sie von dem Namen halten. Frag einfach ein paar deiner Freunde, denen du wirklich vertraust und welche dir auch tatsächlich hilfreiche Kritik geben können. Und dann beginnst du deine Website, deinen Blog und deine sozialen Netzwerke aufzubauen. Mit dem Namen fängt es an, aber es bleibt bei weitem nicht nur dabei. Nun solltest du dir also auch Gedanken über das Design der Website oder des Blogs machen. Wie sollen diese aufgebaut werden? Was und wie oft wird gepostet? Gibt es ein Kontaktformular? Einen E-Mail Newsletter? Vor allem den E-Mail Newsletter wirst du am Anfang noch nicht gleich benutzen, aber du solltest dir doch schon einmal ein paar Gedanken darüber machen. Umso leichter wird es später, wenn du viel Traffic (= Besucher) auf deiner Website hast. Mach dir Gedanken darüber, ob du ein Logo entwickeln willst. Vielleicht musst du dazu jemanden beauftragen oder du hast jemanden in deinem Bekanntenkreis, der sich damit beschäftigt und den du um Hilfe fragen kannst.

Damit du dafür keine Unsummen ausgeben musst, empfehle ich dir diese beiden Webseiten, zur Erstellung eines kostengünstigen Logos, in Betracht zu ziehen:

- fiverr.com
- tennerr.de

Beginne so früh wie möglich

Für die ganzen sozialen Netzwerke musst du jeweils Profile anlegen und dir überlegen, inwiefern du diese nutzen wirst. Am besten wäre es, wenn du dir ein Profil in so gut wie allen sozialen Netzwerken anlegst. Wenigstens in den sozialen Netzwerken, die zurzeit sehr stark genutzt werden. Lege dir auch dann Profile an, wenn du diese nicht von Anfang an benutzen willst (sprich Facebook und Instagram). Vielleicht willst du dich ja erst einmal auf deine Website konzentrieren.

Das ist auch völlig in Ordnung. Aber sobald deine Website gut läuft und dir gefällt, willst du vermutlich auch auf Facebook oder Instagram auf dein Business aufmerksam machen. Jetzt kann es aber passieren, dass schon jemand anderes deinen Namen benutzt, und er dir deshalb nicht mehr zur Verfügung steht. In diesem Fall wäre es jedoch fatal deinen Namen komplett zu ändern, aber es ist auch ärgerlich, wenn du nur aus diesem Grund bei Facebook oder Instagram einen anderen Namen benutzen musst.

Wenn du von Anfang an ein Profil bei den sozialen Netzwerken mit deinem Markennamen anlegst, *auch wenn du erst einmal nicht vorhast diese zu benutzen*, kann dir das später eine Menge Ärger ersparen. Also lege dir sofort ein Profil an, und dann kannst du später immer noch schauen, ob du diese benutzen wirst oder nicht.

Im Prinzip kannst du dir dadurch den Namen reservieren. Das kann dir im Nachhinein viel Zeit und Kraft ersparen. Und selbst wenn du einige der sozialen Netzwerke niemals benutzen wirst, dann kannst du diese später immer noch löschen. Das ist auf jeden Fall sehr viel leichter, als seinen Namen zu ändern oder verschiedene Namen für verschiedene Netzwerke zu benutzen. Es heißt natürlich nicht, dass das auch in jedem Fall immer so eintreffen wird, aber du musst es ja auch nicht unbedingt darauf anlegen und riskieren. Du kannst dein Business ohne Probleme erst einmal Schritt für Schritt aufbauen. Dabei konzentrierst du dich erst einmal auf deine Website und nach und nach kannst du dann die sozialen Netzwerke oder andere Plattformen hinzufügen. Achte nur darauf, dass du dich trotz eines neu hinzugefügten Netzwerks immer noch auf die früheren konzentrierst.

Beim Aufbau deiner Marke kann es dir auch helfen, einmal auf andere Marken zu schauen und diese ein wenig unter die Lupe zu nehmen. Was machen erfolgreiche Marken anders als „durchschnittliche“? Wie sind die Webseiten von diesen Marken aufgebaut? Welche Designs und Logos wurden ausgewählt? In welcher Art und Weise benutzen diese Marken die sozialen Netzwerke? Für was stehen diese Marken überhaupt?

Des Weiteren kannst du dir auch einmal folgende Frage stellen: *Was macht meine Lieblingsmarke eigentlich zu meiner Lieblingsmarke?* Anders gesagt, warum magst du diese Marke so sehr? Was macht sie besonders? Ist es vielleicht der Kundendienst, der außerordentlich ist? Oder die Qualität der Produkte? Vielleicht ist die Businessidee einfach einzigartig oder dir gefällt das Design sehr gut.

Achte auf diese Dinge auch bei deiner eigenen Marke. Deine Website kann sehr schlicht und einfach aufgebaut sein, aber trotzdem hervorstechen.

Wie gesagt, es geht hierbei mehr um Qualität als Quantität. Wenn du einen Blog betreiben willst und nicht so viel Zeit hast, dann würden deine Leser in den meisten Fällen wohl lieber nur einen richtig guten Artikel jede Woche lesen, anstatt 3 sehr kurze und schlampige Artikel. Schau also auf was es dir bei deinem Online Business ankommt und handle demnach. Du kannst dein Design und Logo sehr simpel gestalten und trotzdem sehr erfolgreich sein. Manchmal ist es eben sehr schlicht viel besser als zu viele Details und Schnörkelschrift und hier noch was und da noch was. Wenn das aber nun einmal dein Stil ist, und das auch zu deinem Business passt, dann bleib dir selbst treu. Du darfst dich auf keinen Fall in dem ganzen Prozess selbst verlieren. Wenn sich dein Business zum Beispiel um Kaligraphie oder Design dreht, dann kann die Schnörkelschrift auf jeden Fall auf deiner Website auftauchen. Schau einfach, was am besten zu dir und deiner Business-Idee passt.

Gehen wir aber noch zu einem weiteren Punkt, um zu sehen, wie wichtig es wirklich sein kann eine Marke zu entwickeln. Es sieht nach sehr viel Aufwand und Arbeit aus, und das kann es durchaus auch sein. Für den einen ist es eventuell leichter als für den anderen. Eine Marke kann dir viele Vorteile einbringen, vor allem, wenn du diese wirklich gut entwickelst und deine Marke eine gute Qualität hat. Das ist besonders wichtig für deine Zukunft, denn wenn deine Marke von guter Qualität zeugt und deine Kunden von deinen Produkten profitieren, dann kannst du mit der Zeit auch die Preise für deine Produkte erhöhen. Das heißt jedoch nicht, dass du am Anfang deine Preise geringhalten musst. Aber wenn deine Marke bekannt ist und die Nachfrage entsprechend groß ist, dann werden deine Kunden eventuell auch gewillt sein, mehr für deine Produkte auszugeben.

Das wird aber nur der Fall sein, wenn deine Produkte auch wirklich gut sind und deinem Publikum in irgendeiner Weise helfen oder zum Vorteil dienen. Schau dir doch einmal an, wie viele Leute die Produkte von Apple kaufen, auch wenn diese viel teurer sind. Im Endeffekt kommt es ganz allein auf die Marke an. Viele Leute sind bereit, mehr für ein Produkt zu bezahlen, wenn sie glauben, dass die Marke eine bessere Qualität des Produktes anbietet. In gewisser Weise kann deine Marke der Schlüssel zu deinem Erfolg sein, wenn diese sehr gut ist. Das bedeutet nicht, dass alles einzig von der Marke abhängig ist und die anderen Schritte gar keine Rolle spielen, aber deine Marke kann sehr mächtig sein. Und solltest du schlechte Entscheidungen hinsichtlich deiner Marke treffen, kann dich das eventuell an deinem Erfolg hindern.

Kapitel 4: Vermarktung / Marketing

Mach auf deine Marke aufmerksam um Reichweite zu gewinnen

Viele Leute konzentrieren sich sehr stark auf diesen Schritt, noch bevor sie sich auch nur ansatzweise über die anderen 3 Schritte Gedanken machen. Ihrer Meinung nach ist der Schritt der Vermarktung der wichtigste Schritt überhaupt. Das ist jedoch nicht ganz der Fall. Kurz gesagt, geht es bei der Vermarktung im Endeffekt darum, wie du nun wirklich an dein Geld kommst. Also genau das erreichst, was du erreichen wolltest, und was eventuell sogar der ausschlaggebende Grund für dein eigenes Online Business war. Und obwohl der Schritt der Vermarktung wichtig ist, um wirklich Geld verdienen zu können, sind die anderen 3 Schritte genauso wichtig, damit du langfristig gesehen von dem Business profitieren kannst. Der Aufbau deines Online Business (ganz genauso wie ein normales Business) sollte in einer sinnvollen Reihenfolge ablaufen. Natürlich ist es möglich an den ersten paar Schritten zur gleichen Zeit zu arbeiten, oder die späteren Schritte schon zu kennen und sich Gedanken darüber zu machen, aber du musst dennoch alle Schritte durchlaufen. Und am besten wäre es, die Schritte in der Reihenfolge zu durchlaufen, wie ich sie hier beschreibe. Selbst wenn du die ersten Schritte simultan abarbeitest, solltest du sie aber keinesfalls überspringen und sofort mit dem 4. Schritt anfangen. Wie gesagt, mit ganz viel Glück könnte das klappen, aber so wirst du nicht in der Lage sein, dein Business **langfristig** aufzubauen. Oder mit noch mehr Glück schaffst du es, aber im Nachhinein wird es viel mehr Arbeit sein, um die anderen Schritte nachträglich umzusetzen. Schau also, dass du die ersten drei Schritte durchgearbeitet hast, bevor du dich um diesen Schritt kümmerst.

Im Wort Vermarktung steckt das Wort Marke. Mit der Marke haben wir uns im Schritt zuvor befasst und im Prinzip kann man ganz einfach sagen: um zu vermarkten, braucht man erst einmal eine Marke. Genau darum geht es auch. Wenn du nun also deine Marke hast, kannst du beginnen deine Marke zu vermarkten. Was genau meine ich damit? Wir könnten auch sagen, nun kannst du deine Marke veröffentlichen und anpreisen. Quasi für deine Marke werben, damit du verschiedene Leute auf deine Marke aufmerksam machen kannst. Übrigens kann deine Marke auch ruhig einfach nur aus deinem Namen bestehen (wie es bei mir der Fall ist). Sei aber gewarnt, dass diese Vorgehensweise nur funktioniert, wenn du kein Problem damit hast, selbst in der Öffentlichkeit zu stehen. Weiter im Text: Wenn diese Leute daraufhin auf deine Marke stoßen und Interesse zeigen, werden sie hoffentlich bald zu deinen neuen Kunden werden. Und genau darum geht es bei der Vermarktung.

Du willst mit deiner Marke Kunden werben, damit diese später dein Produkt kaufen und du davon profitierst. Wenn alles gut läuft, wirst du also genau mit diesem Schritt anfangen Geld zu verdienen (obwohl es in diesem Schritt viel mehr um die Wege der Vermarktung geht – im nächsten Schritt geht es dann ausschließlich um das Geld verdienen bzw. die entsprechenden Methoden). Und genau das war ja sicherlich auch einer deiner Gründe, um ein Online Business aufzubauen. Selbst wenn es nicht dein Hauptanliegen ist, wird in einer gewissen Art und Weise das Thema Geld dabei immer eine Rolle spielen. Du willst ja sicherlich kein Online Business aufbauen und deine ganze Zeit und Kraft investieren, um nicht wenigstens ein bisschen davon profitieren zu können. Selbst wenn du dein Business nur für ein Nebeneinkommen betreiben willst.

Beim Schritt der Vermarkung spielt also alles eine Rolle, was mit der Herstellung und Produktion deines Contents (zu Deutsch: Inhaltes) zu tun hat.

Sei es Artikel für deinen Blog zu schreiben, Videos zu erstellen, deine sozialen Netzwerke zu betreiben, ein Buch zu schreiben (oder schreiben zu lassen), Kurse vorzubereiten oder sogar ein eigenes Produkt zu entwickeln und herzustellen.

Ganz egal in welche Richtung dein Business geht, du wirst immer eine Art von Inhalt haben. Wie gesagt entweder Artikel oder Kurse oder echte Produkte oder Dienstleistungen oder so viele andere Dinge. Dabei ist der Inhalt für jedes Business unterschiedlich und muss deshalb individuell auf das jeweilige Business abgestimmt werden. Nicht jeder wird sich um die gleiche Art von Inhalt kümmern müssen. Dein Inhalt wird jedoch sehr wichtig im Netz sein. Das ist es, was die Leute sehen, wonach sie entscheiden, ob sie dich mögen, dir folgen und vertrauen werden. Anhand deines Inhaltes kann man im Laufe der Zeit die Qualität deiner Produkte erkennen. Sei also nicht faul und schlampig, sondern gib dir viel Mühe beim Erstellen und Entwickeln deines Inhaltes. Auch der Umfang ist dabei bei jedem Business unterschiedlich. Einige müssen vielleicht über ein paar Monate hinweg viel Zeit investieren und hart arbeiten, um ein Buch zu schreiben oder einen (Video-) Kurs auf die Beine zu stellen. Andere hingegen können täglich nur eine gewisse Zeit damit verbringen, aktiv in den sozialen Netzwerken zu sein. Wiederum andere müssen vielleicht einmal die Woche einen Artikel für ihren Blog schreiben oder z.B. einen Text für ihren Newsletter anfertigen (welchen sie beispielsweise für Affiliate-Marketing benutzen).

Je nachdem für welches Business du dich entscheidest, und ob du zusätzlich noch einen Blog oder soziale Netzwerke betreibst, ist entscheidend dafür, wie viel Zeit du wirklich mit dem Erstellen von deinem Inhalt verbringen musst. Mach dir darüber einmal Gedanken, und vielleicht hilft es dir ja dabei, einen Plan zu erstellen, um zu sehen, wie oft du wie viel Zeit investieren musst, um deine Inhalte zu erstellen.

Dabei empfehle ich dir das Prinzip des „**Batching's**", welches ich selbst für meinen Blog und meinen YouTube Channel anwende. Bei dieser Methode setzt du dich an einem festgelegten Tag hin und arbeitest den ersten Schritt deiner Content-Erstellung ab. Wenn du z.B. YouTube als Social Media Kanal verwenden willst, dann nimmst du an einem Tag im Monat 4 Videos in einer Sitzung auf. Diese kannst du entweder alle an einem anderen Tag schneiden und rendern, oder je ein Video pro Woche fertigstellen und veröffentlichen. Je nachdem wie du dich entscheidest, kannst du dann entweder alle Videos an einem Tag hochladen und sie so planen, dass jedes von ihnen an einem bestimmten Tag in der Woche veröffentlicht wird, oder aber du arbeitest den restlichen Prozess bis zur Veröffentlichung innerhalb einer Woche für jedes Video ab. Wie auch immer du es anstellen willst, dasselbe Prinzip gilt z.B. auch für Artikel oder anderen Content auf deinem Blog oder deiner Facebook Seite.

Natürlich ist das erst einmal nur theoretisch so geplant und kann in der praktischen Umsetzung letztendlich ganz anders aussehen. Das wirst du dann mit der Zeit individuell für dich selbst herausfinden, und je nachdem wie es in der Praxis wirklich läuft, kannst du deinen Plan immer noch überarbeiten und erneuern, oder ganz einfach an dein Business anpassen. Ein Plan kann dir aber dabei helfen, einen allgemeinen und ersten Überblick zu erhalten. Dein Plan wird sich sicherlich nicht nur einmal ändern, vielleicht brauchst du auch einen ganz neuen Plan. Aber das ist vollkommen okay, wir wollen uns ja ständig **weiterentwickeln** und herausfinden, was am besten zu unserem Business passt.

Formel für garantierten Erfolg im Internet

Reichweite (z.B. durch eine Website, Facebook, YouTube, Podcast und Marketing) + **Vertrauen** (welches durch guten und hilfreichen Content entsteht, welcher regelmäßig veröffentlicht wird) + **Produkte** (ob nun deine eigenen oder die anderer Personen) = **Einnahmen!** Alles beginnt mit der Person, die deinen potenziellen Kunden darstellt. Die Person ist zu Beginn ein Leser, Zuhörer oder Zuschauer deiner Website (Artikel), deines YouTube Channels (Videos), deines Podcasts oder deiner Facebook Seite (Posts, Bilder und Videos). In diesem Fall sucht die Person nach einer Lösung im Internet oder sie ist einfach nur interessiert an einem bestimmten Thema. Möglich ist aber auch, dass sie bereits kaufwillig ist und von vornherein auf Amazon nach einer Lösung sucht. Beachte dabei Folgendes:

- **Google** ist die größte Suchmaschine der Welt
- **YouTube** ist die zweitgrößte Suchmaschine der Welt
  (+ das größte Videoportal der Welt)
- **Amazon** ist die drittgrößte Suchmaschine der Welt
  (+ das größte Shoppingportal der Welt)

Wenn die Person deine kostenlosen Inhalte über Google oder YouTube findet, und du regelmäßig neue Inhalte (Content) veröffentlichst, wird es früher oder später passieren, dass die Person dir folgt (z.B. durch ein Abo oder eine Eintragung in deinen Newsletter). Früher oder später wirst du dadurch automatisch eine Verbindung zu dieser Person aufbauen und somit auch ihr Vertrauen gewinnen. Wenn du nach den zahlreichen kostenlosen Inhalten ein kostenpflichtiges Produkt vorstellst (ob dein eigenes oder ein fremdes), wird das Interesse zusammen mit dem Vertrauen, das dir geschenkt wird, in einem Verkauf enden. Dadurch erhältst du Provisionen und somit auch Einnahmen. Wie all das genau funktioniert, erfährst du in Schritt 6.

Wege der Vermarktung

Zunächst wollen wir uns einmal ein paar Wege der Vermarktung anschauen. Es gibt hier super viele verschiedene Möglichkeiten und du musst einfach mal schauen, was am besten zu dir und deinem Online Business passt. Falls du dir nicht sicher bist, kannst du ja zunächst verschiedene Dinge ausprobieren und dann sehen, was für dich von Anfang an am besten funktioniert. Kleine Notiz am Rande: alles was du in diesem Schritt tust, ist nicht nur eine einmalige Sache. Du solltest immer wieder prüfen, ob du zusätzlich neue Wege gehen kannst, die für dein Business gut sind, damit du langfristig Kunden werben und davon profitieren kannst. Fang ruhig mit ein oder zwei Schritten an und wenn das gut läuft, kannst du einen weiteren hinzufügen. Es ist aber auch nicht gesagt, dass du alles machen musst, was nur irgendwie möglich wäre. Aber schlage ruhig mehrere verschiedene Wege ein, um auf dein Business aufmerksam zu machen. Je größer dein Publikum ist, desto besser ist es für dich und dein Business (dabei gehen wir aber wohlgemerkt auch davon aus, dass du das richtige Publikum hast, welches zu deiner Nische passt). Als erstes musst du sehen, wie du an dein Publikum kommst. Wie schon gesagt, dein Publikum ist wichtig, damit du Geld verdienen kannst, und du willst dabei möglichst das richtige Publikum ansprechen.

Achte darauf, deine Zielgruppe zu *kennen,* und an den Orten Werbung zu machen, an denen sich deine Zielgruppe auch *aufhält.* Wenn du z.B. ein super Produkt für Hundeliebhaber anbietest, wird dir das recht wenig bringen, wenn du es einem Publikum voller Katzenliebhabern präsentierst. Du musst wissen, WO sich deine Zielgruppe aufhält, und dein Marketing dann punktgenau darauf ausrichten.

Einige Wege, um ein Publikum anzusprechen bzw. es zu vergrößern, sind zum Beispiel die sozialen Netzwerke. Du kannst ganz leicht deine Seite teilen, und die verschiedensten Leute können sich deine Seite dann anschauen. Du kannst aber auch all deinen Bekannten und Kollegen von deinem Business erzählen. Vielleicht sind diese ja auch an deinen Produkten interessiert oder haben selbst Freunde und Kollegen, die zu deinem Publikum passen würden. Hoffentlich werden sie dann dein Business an diese weiterempfehlen. Wenn du ein wenig technisch begabt bist, kannst du auch überprüfen, welche Schlüsselwörter (Keywords) am häufigsten bei Google gesucht werden, und diese in deine Beschreibungen einbauen. Je nachdem welche Platzierung deine Schlüsselwörter bei Google erhalten, wird deine Seite im Rang früher oder später angezeigt. Wenn du also ein wenig geschickt im Umgang damit bist, wird deine Seite vielleicht drei Seiten früher bei den Suchergebnissen angezeigt, als zuvor. Und das alles nur, weil du eventuell deine Schlüsselwörter ein wenig verändert und optimiert hast. Das braucht jedoch ein wenig Geschick und Wissen. Falls du also daran interessiert bist, kannst du das Thema einmal recherchieren und mehr darüber erfahren: Thema: „SEO“.

Für welche Wege du dich letztendlich auch entscheidest, wichtig dabei ist es immer daran zu denken, was du damit erreichen willst. Und das ist im Prinzip erst einmal nichts anderes, als ein Publikum anzuwerben, damit du Traffic in deinem Business erhältst. Und sobald du ein Publikum aufgebaut hast, kannst du dich um weitere Schritte kümmern, wie zum Beispiel eine E-Mail Liste für deine Website aufzustellen, damit du Newsletter und Ankündigungen verschicken kannst. Des Weiteren gibt es dann auch Optionen wie das so genannte PPC (pay per click). Solche „Buttons“ findest du zum Beispiel bei Amazon, mit deren Hilfe kannst du super leicht Produkte mit nur einem Klick kaufen. Diese Wege machen aber erst Sinn, wenn du schon ein Publikum hast.

Kostenlose Marketingmaßnahmen

Zuerst einmal: Man muss nicht gleich mit bezahlten Marketingaktionen beginnen. Es gibt zahlreiche Möglichkeiten kostenloses Marketing zu betreiben, auch wenn diese von einigen Online-Marketern verpönt werden, weil behauptet wird, man müsse ja UNBEDINGT Tools wie Facebook-Ads und andere zahlungspflichtige Optionen nutzen. Doch die Wahrheit ist, dass ich bereits viele Online-Marketer kennenlernen durfte, die schwindelerregende Umsätze mit kostenlosen Marketingmethoden erreicht haben.

Doch haben sowohl kostenlose als auch zahlungspflichtige Strategien ihre Vor- und Nachteile. Der größte Nachteil bei kostenlosen Aktionen ist wohl der eigene Zeitaufwand, der investiert werden muss. Wodurch natürlich die Zeit zum Erstellen neuer Produkte immens leiden kann.

Zwei Beispiele für kostenlose Marketingmaßnahmen:
Werde aktiv in **Facebook Gruppen** und **Foren,** die zu den Themen deines Produktes passen. Achte darauf, deine Facebook Seite oder deine Website auf deinem regulären Profil verlinkt zu haben. In Foren sind Links zu solchen Seiten teilweise nicht erlaubt. Sobald du nach einigen Beiträgen also die Optionen freischaltest, deine Signatur unter jedem Post stehen haben zu können, fügst du dort einfach Infos über dich ein. Wenn du nach einiger Zeit (und hilfreichen Beiträgen) den Admin anschreibst und um die Erlaubnis bittest, in deiner Signatur auch einen Link zu einer deiner Webseiten oder deinem Blog platzieren zu dürfen, wirst du bei einigen Admins mit ein wenig Glück und Sympathie die Zustimmung bekommen. Bei anderen nicht. Das Ganze ist von Forum zu Forum unterschiedlich.

Was ein Online-Unternehmer bei Facebook bitte nicht mehr tun sollte!

Weißt du was verschwendete Energie und Zeit ist? In Facebook Gruppen Links zu deinen Produkten zu posten.

1. **Du bist höchstwahrscheinlich in den falschen Gruppen**. Man muss versuchen, sich in FB-Gruppen zu etablieren, in welchen sich die ZIELGRUPPE befindet. Eine Gruppe voller Online-Unternehmer, die andauernd Links zu ihren oder fremden Produkten posten, wird dir keine Verkäufe einbringen. Wie auch? Die Mitglieder der Gruppe haben alle nur das gleiche Ziel – zu verkaufen, nicht zu kaufen. Kein Wunder also, dass meist keine große Interaktion in deinen Beiträgen entsteht, weil die anderen Mitglieder einfach keine Konsumenten sind, sondern selbst alle Verkäufer.
2. **Die Art der Posts muss stimmen.** Poste Inhalte mit Mehrwert, bevor du jemandem dein Produkt „empfiehlst". Was bedeutet, dass du den Mitgliedern der Gruppe erst einmal mit deinen Ratschlägen und Tipps unter die Arme greifen musst, damit sie Vertrauen zu dir aufbauen. Erst danach kannst du Produkte empfehlen. Falls diese Vorgehensweise nur schlecht auf dein Produkt angewandt werden kann, erstelle deine Beiträge so, dass sie aus Geschichten bestehen. Mit anderen Worten: Betreibe „storytelling". Sei es eine mitreißende Story, die etwas über dein Produkt erzählt, oder eine Story, die dem Inhalt deines Produkts ähnelt. Auf jeden Fall muss sie neugierig machen.
3. **Poste Bilder (oder noch besser: Videos) zusammen mit deinem Post.** Schöne und „neugierig auf mehr"-machende Bilder. Der erste Blick gilt immer dem Bild (oder sogar noch besser dem Video), danach der Überschrift deines Textes (User denkt sich: „WIRD DIESER TEXT MEINE ZEIT WERT SEIN?" UND „WIRD ES ETWAS SEIN, FÜR DAS ICH MICH INTERESSIERE?") und zum Schluss erst deinem Text mit anschließendem Link zu deinem Produkt.

Vergiss nicht, dass neben Facebook Gruppen und Foren, kostenlose Marketingmaßnahmen auch über deinen Blog oder deinen YouTube-Channel möglich sind.

Bezahlte Marketingmaßnahmen

Bezahlte Marketingmaßnahmen können – insofern richtig angewandt – den Umsatz deines Online Business recht schnell in die Höhe schießen lassen. Falsch angewandt, ziehen sie allerdings eine Menge Verzweiflung und herausgeschmissenes Geld nach sich. Das wäre zumindest die Denkweise eines Normalos. Aber du bist keine normale Person. Du hast dich dazu entschieden, den Weg des Online-Unternehmers zu gehen. Eine sehr kluge Entscheidung. Daher denkst du dir stattdessen: „Jede Marketing-Investition bringt mir entweder früher oder später Einnahmen". Falls sie dir sofort Einnahmen einbringt – super. Falls nicht, dann lerne aus deinen Fehlern und mache es beim nächsten Mal besser. Um allerdings nicht so viele Fehler zu machen, und letztlich dein ganzes Geld bei zu vielen Fehlinvestitionen zu verprassen, folgen nun einige der bekanntesten und effektivsten bezahlten Methoden, um deine Marke bzw. dein Produkt zu bewerben. Anfangen werde ich mit den bekanntesten Möglichkeiten. Je tiefer du dem Kaninchenbau folgst, desto mehr persönliche Erfahrungen werde ich dir preisgeben. Erfahrungen, die mir dabei geholfen haben, mit relativ wenig Geld eine Menge passiver Einnahmen zu generieren.

E-Mail Marketing

Deine eigenen Produkte oder Produkte deiner Affiliates über E-Mails anzupreisen, nennt sich **E-Mail Marketing.** Sollte jemand die E-Mail bekommen und das Produkt kaufen wollen, können sie ganz einfach über einen Link in der E-Mail zur Website weitergeleitet werden und dann dort das Produkt kaufen. Sollte der User die E-Mail nicht lesen oder das Produkt folglich nicht kaufen, können weitere – abgeänderte – E-Mails folgen. Das Schönste daran? Diesen ganzen Prozess kannst du ganz einfach automatisieren. Wie z.B. mit dem Dienst **MailChimp**, **GetResponse** oder **Builderall**. Persönlich empfehle ich dir GetResponse. Es kostet dich zwar im Gegensatz zu MailChimp schon von Beginn an Geld, doch ist es Affiliate-Marketer freundlich.

Facebook Werbeanzeigen

Über Facebook kannst du gezielt Werbeanzeigen schalten. Hier kannst du ganz genau auswählen, an welcher Art von Publikum du interessiert bist, und diese werden dann auf ihren Startseiten deine Werbung sehen. Du kannst zum Beispiel das Alter auswählen und den Status oder Standort. Du kannst deine Zielgruppe so passgenau ausrichten und ansprechen, dass ich mir heute noch zuweilen denke: *„FBI und CIA sind ein Scheiß im Gegensatz zu Facebook!"*

Diese Strategien werden dich jedoch ein wenig Geld kosten, aber wenn dein Business schon gut läuft, wird das ja nicht unbedingt ein Problem sein. Vor allem ist Facebook Werbung mit Kosten in Höhe von 0,25 € pro Klick nicht nur eine der billigsten der Welt, sondern auch eine der effektivsten *(wenn man weiß, was man tut).* Außerdem wirst du das Geld in den meisten Fällen durch die Werbung auch wieder reinbekommen, da du auf Grund der Werbung neue Kunden gewinnen kannst.

Mit Hilfe von Werbeanzeigen, die du über Facebook-Ads schaltest, kannst du zwar deine Marke und deine Produkte bekannter werden lassen, um deinen Umsatz zu erhöhen, allerdings muss ich dir *offen gestehen*, dass meine *persönlichen Erfahrungen* in diesem Bereich bisher alle eher negativ waren. Dies hat wohl viel damit zu tun, dass ich im Allgemeinen kein großer Fan von Facebook bin. Daher kann ich dir an dieser Stelle nur eine Empfehlung aussprechen:

Wenn du lernen willst, wie man wirklich erfolgreich Facebook Werbeanzeigen schaltet, dann ziehe die folgenden zwei Videokurse in Betracht:
1. Facebook Ads Anleitung 2.0 **(von Nico Lampe)**
2. Facebook Ads Coaching **(von Torben Karg)**

Das ist leider auch schon alles, was ich dir zum Thema Facebook Werbeanzeigen schalten in diesem E-Book mit auf den Weg geben kann. Würde ich dir hier detailliert alles preisgeben, dann könnte es gut sein, dass Facebook bereits morgen ein neues Update herausbringt und meine Anleitung dann nicht mehr aktuell wäre, wenn nicht vielleicht sogar komplett nutzlos. Wenn du wirklich lernen willst, erfolgreich Facebook Werbeanzeigen zu schalten, dann halte dich dabei bitte ausschließlich an Informationen aus digitalen Produkten. Diese können und werden nämlich ziemlich schnell und leicht immer wieder Updates erfahren können. Somit wirst du niemals auf veraltete Anleitungen stoßen. Daher werde ich hier jetzt auch nicht weiter auf das Thema eingehen.

Influencer Marketing – mein absoluter Favorit

„Was ist bitte ein Influencer?“, fragst du dich vielleicht. Ein Influencer ist im Prinzip jemand im Social Media Bereich, dem andere Menschen folgen. Je höher die Follower-Anzahl (UND die Interaktion zu den Followern), desto höher auch der Einfluss auf diese Menschen. Vorzugsweise besteht diese Gruppe von Menschen GENAU aus deiner Zielgruppe! Influencer können dabei YouTuber, Blogger, Facebook-Seiten Betreiber oder Inhaber von Instagram und Twitter Accounts sein. Selbst Pinterest-Influencer können dazu gehören. Für ein besseres Verständnis ordne ich diese hier einmal in **Makro-Influencer** (große Reichweite) und **Mikro-Influencer** (kleine Reichweite) ein.

Makro-Influencer – Vor- und Nachteile

Vorteile:

- Große Reichweite (viele Zuschauer bzw. Abonnenten).

Nachteile:

- Eine große „Streuung“ (nicht genau meiner Zielgruppe entsprechende Werbung).
- Meist ***sehr teuer!***

Mikro-Influencer – Vor- und Nachteile

Vorteile:

- Sehr viel *billiger*!
- Meist Chance auf unentdeckte Potenziale.

- Lässt sich erkennen, dass der Influencer in Zukunft noch weiterwachsen wird, weil er/sie alles nach Lehrbuch zu machen scheint, und nur noch den Faktor „Zeit" berücksichtigen muss, um *noch* bekannter zu werden? Dann wird sich eine Werbeinvestition hier auf kurz oder lang *immer* bezahlt machen (außerdem wird dir für wenig bis gar kein Geld, die Möglichkeit geboten, in jemanden zu investieren, der später einmal noch viel bekannter werden wird und somit eine erneute Zusammenarbeit zu einem späteren Zeitpunkt viel teurer ausfallen würde).
- Insofern man einen Influencer auswählt, der GENAU die Zielgruppe anspricht, die man mit seinem Produkt füttern will, wird eine „kleine" Reichweite bereits eine große Auswirkung haben. Weil die Klickraten (CTR) sehr hoch ausfallen werden.

Nachteile:

- Im Gegensatz zu einem Makro-Influencer wirst du bzw. dein Produkt deutlich weniger Aufmerksamkeit bekommen.

Warum funktioniert Influencer Marketing so gut?

Als Online Unternehmer will man, dass sich das eigene Produkt am besten durch „Mundpropaganda" verkauft, nicht wahr? Sprich *„wie von allein"*. Was waren einige der Dinge, die du selbst gekauft und konsumiert hast? Hast du sie „selbst" gefunden oder wurden sie dir von einem/einer Bekannten empfohlen? In einem interessanten Gespräch reicht manchmal nur der Spruch „ACH ÜBRIGENS. HAB LETZTENS DAS PRODUKT XYZ GEKAUFT. DAS SOLLTEST DU DIR MAL ANSCHAUEN" aus.

Dieser kleine, „scheinbar“ nebensächliche Satz brennt dir den Titel des Produkts oder den Markennamen ins Gehirn und nach einiger Zeit wirst du dich wieder daran erinnern. „ACH JA, ICH SOLLTE JA MAL DIESE EINE SACHE ABCHECKEN VON DEM MEIN/MEINE BEKANNTE/R LETZTENS SPRACH“. Wenn das Produkt bei späterer Recherche dann noch auf der Verkaufsseite gute Bewertungen hat, steht einem Kauf meist nichts mehr im Weg.

Influencer-Marketing bedient sich genau dieser Psychologie. Entweder wird dein Produkt nur mal eben in einem Nebensatz erwähnt oder sogar ein komplettes Video dazu gedreht.

Das ist meiner Meinung nach wirkungsvoller als Leute mit Werbung, die den Lese- oder Anschau-Fluss unterbricht, zu „belästigen“. Verbindet man das Ganze noch mit hilfreichen Informationen oder einer interessanten Geschichte, dann zieht der Zuschauer (oder Leser bei z.B. Facebook etc.) auch einen Mehrwert aus der Werbung.

„Anstelle einer einseitigen Unterbrechung, geht es beim Web Marketing darum, am perfekten Zeitpunkt hilfreichen Content zu liefern, dann, wann der Kunde es braucht.“
– David Meerman Scott

Wie findet man den richtigen Influencer?

Auf allen bekannten Social Media Plätzen. Spezifisch im Bereich Bücher fokussiere ich mich persönlich immer auf Blog- und YouTube-Channel-Betreiber. Dabei können Influencer aber auch „ganz normale" Menschen sein. Stell dir vor, einer deiner Fans (Produkt bereits gekauft, benutzt und vielleicht sogar bereits rezensiert) schickt dir zum krönenden Abschluss eine Nachricht auf Facebook, um sich bei dir zu bedanken und dir zu sagen, wie toll er dein Produkt doch fand. Wenn du anfängst eine Beziehung zum Leser aufzubauen und ihm/ihr z.B. dein nächstes Produkt kostenlos zukommen lässt, dann kann dieser Fan auch ganz leicht zu einem Mikro-Influencer werden. Dieser Fan wird nämlich auch Facebook Freunde haben, denen er mit Sicherheit mitteilen wird, was für eine tolle Person du doch bist, weil du ihm/ihr dein Produkt oder z.B. einen Gutschein-Code geschenkt hast.

Im besten Fall macht der Mikro-Fan-Influencer ein Bild von deinem Produkt, postet dies mit einem Text wie z.B. „HEY SEHT MAL WAS ICH COOLES HEUTE MORGEN IN MEINEM BRIEFKASTEN (ODER MEINEM E-MAIL POSTFACH) FAND" auf Facebook. Und mit ein wenig Glück entstehen dadurch ganz viele Likes, Kommentare und „Shares", sodass du aus einem einfachen Fan einen Mikro-Influencer gemacht hast. Sozusagen jemanden, der alles und jedem sagt, wie toll du doch bist (oder wie toll deine Marke doch ist) und warum jeder dein Produkt kaufen sollte. Klingt das toll? Für mich klingt das wie Musik in meinen Ohren.

Welche Kosten kommen beim Influencer-Marketing auf einen zu?

In manchen Fällen entstehen gar keine Kosten. Zum Beispiel, wenn man einen Blogbetreiber mit geringer Reichweite dazu bringt, sein Produkt in Form eines Artikels zu rezensieren. Falls man ein digitales Produkt hat, reicht es in manchen Fällen sogar aus, einfach das Produkt per E-Mail zu verschicken (insofern man es auf seiner eigenen Webseite verkauft, oder z.B. einen Gutschein erstellen kann, oder die Möglichkeit hat, es für einen gewissen Zeitraum völlig kostenlos anbieten zu können). Sogar bei YouTube Kooperationen mit Mikro-Influencern ist mir dies bereits „geglückt". Doch in den meisten Fällen muss man definitiv dafür zahlen. Dabei reichten meine bisherigen Investitionen schon von **50 € - 1.500 €.** Bei welchem Influencer man wie viel zahlt, ist von Person zu Person unterschiedlich.

Doch habe ich bis jetzt jedes Mal meine Marketing-Ausgaben innerhalb **1-2 Monaten** um das **Zwei- bis Vierfache wieder** zurückbekommen. Im Vergleich zum Zeit- und Energieaufwand, den man z.B. in Facebook Werbeanzeigen stecken muss, handelt es sich hierbei um einen gewaltigen Unterschied. Und das Schönste daran?

Auch wenn der „Verkaufs-Boost", den man dadurch erhält, nach ca. 2-3 Wochen seine Spitzenwerte erreicht und danach *langsam* wieder abfällt, bleibt der Post oder das Video immer noch bestehen und bringt einem alle paar Tage immer mal wieder neue Verkäufe ein. Ganz automatisch und völlig passiv. Zumindest wenn wir von Bloggern und YouTubern sprechen. Warum? Weil diese Art der bezahlten Werbung von deiner Zielgruppe **gefunden** werden kann.

Für einen einzigen Post bei Instagram zahlen zu müssen und zu wissen, dass dieser bald von niemandem mehr gesehen wird, würde mir genauso viel bringen, wie alle paar Monate mein Gesicht mit einem meiner Bücher in der Hand auf der Rückseite eines Busses kleben zu sehen. Das bedeutet, dass meine Marketing-Strategie (um Verkäufe zu erzielen) darauf ausgelegt ist, eine einmalige Zahlung zu tätigen und diesen Post oder dieses Video für die **nächsten Monate**, wenn nicht sogar **Jahre**, noch vorfinden zu können. Bzw. geht es nicht darum, dass ich diese Werbung finde, sondern interessierte bzw. potenzielle Kunden meine Werbung **von allein** finden können. Vergessen wir nicht, dass YouTube immer noch die zweitgrößte Suchmaschine der Welt und das größte Videoportal der Welt ist.

Das „finden" bringt uns zu einem weiteren Punkt

Durch Kooperationen, aus denen Artikel auf Webseiten oder Videos auf YouTube Kanälen entstehen, bietet sich dir auch die Möglichkeit, in langfristige Werbung zu investieren. Welche auch von potenziellen Lesern gefunden werden kann. Wenn wir uns mal Facebook Werbung anschauen, dann ist es meist so, dass potenziellen Kunden deine Werbung ins Gesicht geklatscht wird und sie sich irgendwann völlig genervt von dir fühlen. Wenn sie zum ersten Mal mit deiner Werbung konfrontiert werden (oder eher belästigt), dann wird das Interesse an deinem Produkt in der Regel nicht wirklich groß sein.

Warum? Weil sie dich nicht **kennen,** und bislang keine **Verbindung** zu dir aufgebaut haben. Anders wird es aber mit den Influencern sein, mit denen du eine Kooperation eingehst. Diese haben über einen längeren Zeitraum bereits Vertrauen und eine Bindung zu ihren Lesern und Zuschauern aufgebaut. Wenn wir dabei noch die „1.000-Hardcore-Fans"-Regel einbeziehen, dann ist es auch kein Wunder mehr, dass man dadurch leichter Verkäufe durch sein Werbebudget generiert.

Das Ganze könnte man natürlich auch mit einem EIGENEN Blog oder einem eigenen YouTube-Channel erreichen. Doch ist dies ein langwieriger Prozess, verbunden mit viel Einsatz, Arbeit, Energie und sogar Geld. Man bedenke dabei nur einmal das ganze Equipment, welches benötigt wird, um hochauflösende Videos zu produzieren.

Anstatt sich also die ganze Mühe zu machen, selbst zu einem Influencer zu werden, der seine eigene Marke und Produkte an interessierte Zuschauer und Leser bringt, zapfen wir durch Influencer-Marketing die Macht von Personen an, die solch ein Level bereits erreicht haben. Die meisten von ihnen brauchten Jahre dafür, um solch ein Level zu erreichen. Deswegen würde ich jedem Einsteiger bei diesem Thema empfehlen, Influencer zu nutzen, anstatt sich zu Beginn selbst etwas aufzubauen. Sobald die ersten Erfolge erkennbar sind, sollte man mit der Zeit daran arbeiten, seine eigene Homepage, oder YouTube-Channel, oder Facebook Seite, Pinterest-, Twitter- oder Instagram-Account aufzubauen. Persönlich entschied ich mich vor längerem dazu, mit YouTube anzufangen, obwohl ich weiß, dass es mich wohl eine Menge Arbeit und ca. 2-3 Jahre kosten wird – bis ich ein vergleichbares Level erreiche.

Doch auf **lange Sicht** ist das meiner Meinung nach die einzig richtige Entscheidung.

Marketing via YouTube-Influencer in 20 Schritten

Im Folgenden zeige ich dir, wie du Influencer-Marketing auf YouTube anwenden kannst, um deine Produkte – egal um was es sich auch immer handelt – zu bewerben. Um dir diesen Prozess zu veranschaulichen, entschied ich mich dafür, eines meiner Bücher als Beispiel heranzuziehen. Behalte dabei aber bitte im Hinterkopf, dass dies nicht nur bei Büchern funktioniert, sondern bei allen Arten von Produkten und Dienstleistungen! Egal ob physische oder digitale Produkte. Sogar Dienstleistungen können auf diese Art vermarktet werden.

Zum Beispiel:
Für mein Buch „INTERVALLFASTEN FÜR EINSTEIGER: DEIN WEG ZUM GESUNDEN UND SCHLANKEN KÖRPER" habe ich noch kein Marketing betrieben. Daher benutze ich es mal als Beispiel. Ich gehe nun alle Schritte durch, die ich tun und beachten würde, um eine erfolgreiche und effiziente Kooperation zu starten.

1. Ich stelle mir die Frage, ob ich wirklich **überzeugt** von meinem Buch bin, oder nicht. Denn wenn ich nicht davon überzeugt bin, wie soll es denn mein potenzieller Geschäftspartner sein? Und wenn er oder sie es nicht ist, wie soll dann der potenzielle Kunde überzeugt davon sein? *Ganz wichtiger Punkt!*

2. Ich gehe auf die YouTube Seite.

3. Ich verwende **Keywords/Suchbegriffe,** die meine Zielgruppe verwenden würde, um ein Video zu dem Thema zu finden, welches meinem Buch gleicht oder ihm zumindest ähnelt.

4. In diesem Fall wäre das ganz einfach *„intervallfasten"* oder *„intermittierendes Fasten"* und jede Abwandlung, die mir die YouTube *auto-fill-Suchleiste* anbietet.

Gebe ich z.B. „intervallfasten" + LEERTASTE ein, dann kommen folgende relevante Ergebnisse auf:

- intervallfasten 16/8
- intervallfasten abnehmen
- intervallfasten Erfahrung
- intervallfasten 16/8 Erfahrungen

Falls mir das nicht reichen sollte, dann würde ich es mit anderen **Keywords/Suchbegriffen** und deren Variationen versuchen.

Kleiner Tipp: Setzt man „_ + LEERTASTE" vor ein Keyword, dann können manchmal interessante Formulierungen dabei herauskommen, welche auch wirklich so von YouTube Nutzern eingegeben werden.

5. Da mein Buch das Thema *„intervallfasten"* behandelt, suche ich nun nach **YouTube Kanälen, die entweder genau dieses Thema** aufgreifen, und somit dessen Zuschauer GENAU meiner Zielgruppe entsprechen, oder ich suche nach Kanälen, die z.B. ein Thema behandeln, in welchem ein Video über mein Buch ebenso SINN ergeben würde, und welches also zumindest einem Teil der Zuschauer meiner Zielgruppe entspricht. Dabei versuche ich nach Möglichkeit viele Mikro-Influencer zu finden, anstatt nur einen Makro-Influencer.

6. Alle Videos, die ich zu diesem Thema interessant finde, öffne ich separat in einem neuen Tab und schaue erstmal solange weiter, bis die Suchergebnisse mir nichts Zufriedenstellendes mehr bieten können.

7. Wenn mir bereits die Augen von dem ganzen Suchen ausfallen, widme ich mich den geöffneten Tabs. Dabei schaue ich, ob der YouTube Kanal dieselbe oder zumindest eine ähnliche Thematik wie im Video behandelt. Oder ob das eine Video als „Ausnahme" betrachtet werden sollte.

8. Dabei achte ich darauf, dass die Abonnenten Anzahl sich zwischen **3.000** und **50.000 Abos** befindet. Alles darüber würde relativ teuer ausfallen. Was nicht bedeutet, dass ich nicht auch mit Kanälen unter 3.000 Abonnenten Kooperationen eingehe. Doch würde ich diese nicht dafür bezahlen, sondern ihnen etwas anbieten, das ich ohne Probleme kostenlos per E-Mail verschicken kann.

9. Nach diesen Kriterien sortiere ich bereits fleißig aus und checke bei den übriggebliebenen Kanälen erst einmal, ob im Reiter „Kanalinfo" überhaupt irgendeine Kontaktmöglichkeit hinterlegt wurde. Im besten Fall wäre das eine E-Mail-Adresse. Manchmal wird man sich aber auch mit einer Facebook Seite zufriedengeben müssen, oder der Tatsache, dass keine Kontaktmöglichkeit hinterlegt wurde. Alles was ich nicht kontaktieren kann, wird direkt aussortiert.

10. Nach dieser Aussortierung checke ich die Aufrufzahlen der einzelnen Videos, prüfe, wie viele „likes" hinterlassen wurden, und überfliege die Kommentare. Es bringt mir nämlich z.B. nichts, wenn ein Video 20.000 Aufrufe hat, es aber nur 10 likes und 2 mickrige Kommentare aufweisen kann. Und das Ganze am besten noch bei doppelt so vielen Abonnenten... das würde mir recht wenig bringen. Mein Marketingbudget würde ich hier nicht investieren!

11. Sobald hier auch wieder aussortiert wurde, schaue ich mir einige der Videos im „überfliegen-Modus" an und achte dabei auf folgende Dinge:

- Wie gut ist die **Tonqualität**? (am wichtigsten!)
- Wie gut ist die **Bildqualität**? (am zweitwichtigsten)
- Sehen die **Thumbnails** gut gemacht aus? Erwecken sie Neugierde bei mir?
- Ist mir die Person im Video **sympathisch** oder kann ich ihm/ihr keine 10 Sekunden zuhören?
- Habe ich das Gefühl, dass der Channel mit der Zeit noch weiterwachsen wird?

12. Sobald ich der Meinung bin die richtigen **Influencer** ausgesucht zu haben, erstelle ich ein neues Word-Dokument und trage dort alle Personen mit ihren YouTube Kanälen und E-Mail Adressen ein.

13. Das Anschreiben beginnt: Benutze dabei den Namen der Person, mit der du schreibst. Ich „duze" meist von Beginn an. Du kannst aber auch gerne „Sie" in deinem Anschreiben verwenden. Gehe dabei kurz auf dich ein und auf den Grund, WARUM du ausgerechnet mit DIESEM Influencer ein Video machen willst. Und warum du glaubst, dass dein Produkt zu dem Konzept des Kanals passt. In der Regel ist es so, dass bei ca. 20 versendeten E-Mails drei von ihnen sehr schnell beantwortet werden. Die, die dir nicht antworten, solltest du nach einer Woche erneut anschreiben, um sie auf dich aufmerksam zu machen. Spiele dafür mit deinem „Betreff Titel" herum. Meist verwende ich „Autor bittet um Video-Kooperation".

Wenn das nicht klappt, verwende ich auch gerne Dinge wie „KEINE PANIK! DAS IST KEIN SPAM! VERSPROCHEN!". Werde mit der Zeit also ruhig kreativ dabei.

14. Sobald du eine Antwort bekommst, besteht zumindest schon einmal vages Interesse an deinem Angebot. Biete an, das Buch als PDF zu verschicken und später auch als Taschenbuch (damit man es im Video präsentieren kann).
(Bei digitalen Produkten kannst du z.B. kostenlosen Zugriff darauf gewähren.)

Dein Ziel im Laufe der nächsten E-Mails wird es sein, zu erfahren, ob dem Influencer dein Produkt wirklich gefällt. Oder ob dem Influencer egal ist, was dein Produkt zu bieten hat, à la *„Hauptsache ich mache ein Video darüber und kann das Geld kassieren."* Letzteres solltest du vermeiden. Ich kann dir gar nicht deutlich genug machen, wie **wichtig** es ist, dass der Influencer von deinem Produkt **begeistert** ist! Je überzeugter er/sie nämlich von deinem Produkt ist, desto besser wird auch das Video werden. Wahre Euphorie und Begeisterung über dein Produkt kann man nämlich nur sehr schwer vor der Kamera „vortäuschen". In einem Artikel oder Podcast wäre das etwas anderes. Aber Leute, die sehen, dass der YouTuber nur so „tut" als würde er dein Produkt toll finden, sind Leute, die am Ende des Videos nicht auf den Link zu deinem Produkt klicken werden. Wenn sie das Video überhaupt bis zum Ende anschauen...

15. Sobald du feststellst, dass dein Influencer dein Produkt noch geiler findet als du selbst, kommen die Verhandlungen.

<u>Faustregel:</u> 0,015 € - max. 0,025 € pro Abonnenten.
<u>Beispiel-Rechnung:</u> 10.000 Abonnenten x 0,015 € = 150 € pro Video-Kooperation

Dies ist aber nur ein Richtwert, der dir eine gewisse Orientierung geben soll. Wenn du ein gutes Gefühl bei der Kooperation hast, darf es gerne auch mehr werden. Ob sich deine Ausgaben lohnen oder nicht, hängt davon ab, wieviel du nach deiner Kooperation wieder einspielst. Was wiederum davon abhängt, wie teuer dein Produkt ist.

Diese Preise spiegeln übrigens die Erstellung eines Videos ausschließlich zu deinem Produkt wieder. Falls du dich dafür entscheidest, dass dein Produkt nur mal kurz am Rande in einem Video „erwähnt" werden soll, dann sind die Preise logischerweise geringer. Allerdings würde ich dir immer zu einem Video raten, in dem dein Produkt das ausschlaggebende Thema ist (z.B. ein Erfahrungs-, Review-, oder Kundenmeinungs-Video).

16. Damit das Video noch einen kleinen Boost erhält, kannst du über eine Verlosung nachdenken. Beispielsweise verlost du das Produkt 1- bis 5-mal, oder du lockst mit einem Gutschein für dein Produkt, oder mit etwas Ähnlichem, das deine Zielgruppe ebenso ansprechen würde. Für die Verlosung kannst du 1-2 Wochen ansetzen und dem Influencer empfehlen, seinen Zuschauern die Teilnahme wie folgt zu erklären:

1. Schritt: Das YouTube Video liken.
2. Schritt: Das Video mit mindestens drei Freunden „teilen". Freunden, von welchen man denkt, dass sie das Video sehen sollten.
3. Schritt: Zurück zum Video kommen, einen Kommentar hinterlassen und diesen mit **#FERTIG** (ODER ETWAS ANDEREM) BEENDEN.

Das ist nur ein Beispiel, welches ich selbst seit längerem verwende und es funktioniert hervorragend, um die Aufrufe in die Höhe zu treiben. Du kannst natürlich auch selbst kreativ werden. Aber dadurch, dass das Video geteilt wird UND das Video auf dem Kanal Kommentare erhält – wird sich das Video um einiges besser im World Wide Web verbreiten, als ohne diese Methode! Außerdem solltest du dem Influencer erklären, dass durch die Verwendung eines Affiliate-Links (z.B. aus dem Amazon Partner Programm) er/sie durch jeden Kauf auch einen Anteil der Provision erhält. All diese Erklärungen kannst und solltest du auch verwenden, um entweder von vornherein etwas weniger zu bezahlen oder aber um später mehr für dein Geld zu bekommen.

17. Achte darauf, dass du das Video vor der Veröffentlichung noch einmal zu Gesicht bekommst und ggf. Änderungen vorschlägst – die von deinem Partner dann auch umgesetzt werden sollten. Selbst nachdem die Aufnahme bereits fertig ist.

18. Der Influencer wird dir spätestens bei der Veröffentlichung (besser noch davor) eine Rechnung ausstellen müssen. Diese kannst du dann als „Ausgabe" zu deiner EÜR Rechnung *(Einnahmenüberschussrechnung)* hinzufügen, sobald es wieder einmal heißt: Steuererklärung wird fällig.

19. Das Video wird in den meisten Fällen in den ersten 2 Wochen seine größte Wirkung in punkto Verkäufe entfalten und danach langsam absinken. Doch mach dir das nicht zur festen Regel. Ich rede wirklich nur von *„in den meisten Fällen ist es so"*. Allerdings wird danach die Wirkung niemals auf einen *„null-Wert"* fallen. Außer der Influencer schließt seinen Kanal. Eine Sache, die du durch deine vorherige Recherche bereits ausgeschlossen haben solltest.

20. Wenn dir die Kooperation etwas „eingebracht" hat, dann empfehle ich dir, dein Verhältnis zum Influencer zu pflegen. Bringst du später weitere Produkte heraus, kann sich das sehr bezahlt machen. Manchmal auch in der Art von kostenlosen „Gefallen", wie beispielsweise dem Posten eines kurzen Textes und dem Link zu deinem Produkt auf Facebook. Was wie vorgeheultes Interesse klingt, sollte lieber als ernsthafter Versuch betrachtet werden, um Beziehungen zu anderen Menschen aufzubauen. Und dabei wohlgemerkt immer zu versuchen, eine „Win-Win"-Situation zu schaffen.

Auf den ersten Blick kommen dir diese 20 Schritte vielleicht noch viel vor. Doch schon nach 2 Kooperationen wirst du merken, dass man den Prozess des „Influencer-Findens“ recht schnell draufhat. Alles, was ich dir hier aufgezeigt habe, stammt aus der **Praxis** und **meiner eigenen Erfahrung** mit Influencer-Marketing, um den Verkauf meiner Bücher zu steigern. Außerdem ist dies auch eine geniale Methode, um kurzfristig zum Bestseller in deiner Kategorie zu werden (falls du Plattformen wie Amazon, Digistore, Clickbank, Fiverr oder ähnliche für deine Produkte benutzt).

Risiko der Marketingaktionen abschätzen können

Zu 100% wirst du nie wissen können, welche Gewinne dich beim Influencer-Marketing (oder bei anderen Marketingformen) erwarten werden. Aber am folgendem Beispiel kannst du es immerhin ziemlich gut abschätzen:

Bleiben wir einmal bei YouTube-Video Kooperationen mit Influencern. Wenn ich z.B. abschätzen kann, dass das produzierte Video innerhalb eines Monats um die 10.000 Aufrufe bekommt, dann weiß ich, dass ich mit einer durchschnittlichen CTR (**C**lick **T**rough **R**ate) von 3% rechnen kann. Das bedeutet, dass von 10.000 Zuschauern im Durchschnitt 3% auf den Link in der Beschreibung klicken werden. Das macht in unserer Rechnung 300 Klicks. Wenn dort jetzt ein Produkt mit genügend Rezensionen zu sehen ist und einige davon auch gelesen werden, dann verkauft es sich in den meisten Fällen auch. Deswegen rechne ich an dieser Stelle nicht die Leute mit ein, die kurz vor dem Kauf noch „abspringen“.

Immerhin rechne ich bereits mit einer CTR von 3%. Diese kann von Video zu Video und von Monat zu Monat natürlich auch höher oder niedriger ausfallen.

Wenn ich mich aber einfach einmal an diesen Wert halte, dann multipliziere ich die Provision, die ich pro Verkauf erhalte, in diesem Fall mit 300 und weiß, wie viele Einnahmen ich im Durchschnitt bei 10.000 Aufrufen machen werde. Beziehe ich dann noch mit ein, wie viel mich die Kooperation kostet und behalte im Hinterkopf, dass das Video mehrere Monate bis hin zu mehreren Jahren auf dem Kanal des Influencers bestehen bleibt, und dieser mit der Zeit natürlich immer weiterwächst, dann kann ich daraus abschätzen, ob sich eine Kooperation lohnt oder nicht.

Woher weißt du, ob sich eine Influencer-Marketing Maßnahme auszahlt?

Zum einen natürlich aus dem oben genannten Grund. Zum anderen aber auch anhand der folgenden Punkte:

1. WICHTIGSTER PUNKT: Ist der **Ton** optimal? (Keine seltsamen, lauten oder leisen Geräusche. Keine Störgeräusche.)
2. Spricht der Influencer **authentisch** und **begeistert** von deinem Produkt? Oder merkt man, dass er nur irgendwelche Worte sucht, um das Video zu füllen?
3. Hat die Aufnahme grobe inhaltliche Fehler?
4. Ist dein Produkt in der Beschreibung richtig verlinkt und wurden dort auch Links zu deiner Website platziert?
5. Nutzt du ein Tool wie z.B. MailChimp oder GetResponse? Dann bietet sich dir zudem die Möglichkeit, die E-Mail Adressen interessierter Zuschauer einzusammeln *(hierzu am besten immer irgendetwas Kostenloses anbieten, d.h. E-Mail Adresse im Austausch zu kostenlosem Inhalt einsammeln).* Dadurch wirst du nicht nur einige bzw. viele Verkäufe machen, sondern auch später deine zukünftigen Produkte leichter unter die Leute bringen können.

6. Gibt es gravierende Schwachpunkte bei der Qualität der Aufnahme? Es muss nicht immer in FULL HD sein und aussehen wie etwas MEGA professionelles. Die meisten Smartphones heutzutage bieten dir bereits eine angemessene Aufnahme-Qualität, mit der sich durchaus gut arbeiten lässt... Wichtig sind in den meisten Fällen nur wie gesagt ein sehr guter Ton und die richtige Beleuchtung der Aufnahme. Solltest du mit einem Mini-Mikro-Influencer kooperieren (weil er technisch gesehen kostenlos war), dann weise ihn/sie ruhig auf einige dieser Punkte hin.

Diese Punkte sollten geprüft werden, BEVOR das Video online geht. Und falls etwas nach der Veröffentlichung nicht ganz stimmig ist, kann man immer noch darum bitten, dass es entsprechend geändert wird *(sprich, es muss ggf. auch neu-hochgeladen werden, dabei muss man aber bedenken, dass sich alle Aufrufe, Kommentare, Shares und Likes in Luft auflösen, und man sozusagen wieder von vorne beginnt).*

Wie du dein Produkt zum Bestseller machen kannst

Bestseller werden

- Viele Verkäufe in extrem **kurzer** Zeit (im besten Fall **an einem Tag**).

Hat man vor, den Bestsellerrang zu erklimmen, dann spielt Timing dabei auch eine wichtige Rolle. Wenn man z.B. abschätzen kann, dass der Bestseller seiner „Konkurrenz" pro Tag ca. 20-25 Verkäufe in einer bestimmten Kategorie bzw. Nische verkauft, dann rate ich dir dazu, 2-3 Kooperationen gleichzeitig zu starten und die Veröffentlichungen so zu timen, dass sie alle am selben Tag und am besten noch zur selben Zeit live gehen.

Bestseller bleiben

- **Kontinuierliche** Verkäufe über einen längeren Zeitraum.

Ach, fast vergessen und dabei extrem wichtig: Unterlasse es, auf die Kommentare im anschließenden Video zu antworten. Manchmal habe ich wirklich das starke Bedürfnis, gerade bei negativem Dünnpfiff, einen schmackhaften Kommentar zu hinterlassen. Aber du solltest dich als Online-Unternehmer aus dem Kommentar-Bereich deiner Werbe-Videos genauso heraushalten, wie aus deinem Rezensions-Bereich zum Produkt. Alles andere wäre ein fataler Fehler. Glaub mir!

Lerne deine Zielgruppe kennen

Nur das Geschlecht und Alter deiner Zielgruppe zu kennen, reicht nicht aus. Was sind ihre Interessen? Was sind ihre Abneigungen? Lesen sie oder schauen sie eher Videos? Vielleicht hören sie aber auch lieber Podcasts?
Suche darüber hinaus nach den Orten, an denen sich deine Zielgruppe befindet. Treffen sie sich lieber in Online-Gruppen oder wirst du sie eher bei Live-Events vorfinden? Google ist dabei dein bester Freund. Checke YouTube Kanäle, Twitter Accounts, Blogs, Facebook Gruppen, Facebook Seiten und Instagram Accounts ab.

„Wir müssen aufhören, Leute bei dem zu unterbrechen, was sie interessiert und das sein, was sie interessiert."
– Craig Davis über Marketing

All diese Dinge wirst du recherchieren müssen, bevor du überhaupt mit dem Erstellen deines Produkts anfängst! Als Online-Unternehmer gibt es meiner Meinung nach kein Gefühl, das niederschmetternder ist, als nach der Veröffentlichung festzustellen, dass sich niemand, aber auch wirklich **niemand**, für sein Produkt interessiert und Einnahmen daher ausbleiben. Davon kann ich dir ein Lied singen – *haha.* Einige meiner ersten Bücher und digitalen Infoprodukte waren im Glauben – nein, in der HOFFNUNG – erstellt worden, dass sie gut ankommen würden. Was sie dann natürlich nicht taten. Um online Geld zu verdienen, reicht Hoffnung nicht aus. Nutze die Tools und Vorgehensweisen, die ich dir an die Hand gegeben habe, und erforsche vor jeder neuen Produkterstellung immer zuerst den Markt (bzw. deine Nische) und finde die passende Zielgruppe.

Warum Online-Unternehmer auch Online-Marketer sein müssen

Ein Produkt, das nicht beworben wird, bleibt ein unbekanntes Produkt. Ein unbekanntes Produkt kann wiederum keine zufriedenstellenden Verkäufe erzielen. Und ohne Verkäufe wird schnell klar, dass das einfache Erstellen von Produkten nicht ausreicht, um sie auch zu VERKAUFEN. Ich weiß, dass viele Anfänger das nicht hören wollen. Sie wollen einfach nur schnell und einfach Geld im Internet verdienen, und das kann ich gut nachvollziehen. Bei mir war es früher nicht anders. Doch müssen sie verstehen, dass eine **Bestseller-**Auszeichnung (egal für welches Produkt) nun einmal eben „Am meisten **VERKAUFTES** Produkt" (in einer bestimmten Kategorie) bedeutet. Und nicht „Qualitativ **bestes Produkt**". Erkennst du den Unterschied? Einfach nur ein „gutes Produkt" zu erstellen, reicht schon lange nicht mehr aus. Woher soll denn jemand wissen, dass dein Produkt gut ist, wenn es bisher nicht genügend Leute gekauft haben, um die frohe Kunde zu verbreiten?

Verstehe mich nicht falsch, dein Produkt muss gut sein, damit es sich nach einiger Zeit des Marketings von allein über Wasser hält. Produkte von minderer Qualität werden auf lange Sicht keine Verkäufe erzielen. Aber einfach nur ein Produkt zu veröffentlichen und zu denken, nein... zu *HOFFEN,* dass es sich von selbst verkauft und die Kunden es schon *„irgendwie"* von allein finden werden, ist eine extrem naive Denkweise, die dir keine Einnahmen verschaffen wird.

Weiterer Ausbau deiner Marke

Während du versuchst ein Publikum zu erhalten oder zu vergrößern, wirst du auch weiterhin an deiner Marke arbeiten. Wenn alles gut läuft, wirst du deine Marke in Bereichen wie Kundendienst ausarbeiten oder neue Produkte entwickeln, die auch mit deiner Marke und Nische zu tun haben. Selbst wenn du einmal ein Publikum hast, musst du weiterhin an deinem Inhalt arbeiten. Vielleicht sogar dann erst recht, weil dein Publikum bestimmte Erwartungen hat. Sobald du diese Erwartungen erfüllen kannst und deine Kunden von deinen Produkten bzw. deinem Inhalt überzeugt sind, wird es auch schon bald viel leichter mit deinem Online Business laufen.

Mit der Zeit wird es ein bisschen einfacher werden. Du musst dich dann nämlich nicht mehr um den Aufbau kümmern, sondern viel mehr um die Betreibung deines Business und um die Erstellung von neuen Inhalten. Es wird einfacher werden, weil du bis zu diesem Punkt hoffentlich deine Kunden von deinem Produkt überzeugen konntest und diese dir nun vertrauen. Außerdem hast du bis dahin hoffentlich eine Art Beziehung zu deinen Kunden und deinem Publikum aufgebaut. Sobald deine Marke nun weiterwächst, kannst du sogar an den Punkt kommen, wo deine Marke einen bestimmten Wiedererkennungswert hat.

Darauf sind die mittlerweile großen und bekannten Firmen bzw. Marken angewiesen. Ihre Marken haben über die Jahre hinweg so viele Leute überzeugt, dass ihr Name relativ bekannt geworden ist. All diese Marken haben einmal klein angefangen und mussten sich ihren Platz erkämpfen. Größtenteils durch gute Qualität, außerordentliche Produkte und Ideen, gute Werbekampagnen und **harter Arbeit**. Aber auch, weil sie eine Marke entwickelt haben, und nicht einfach nur mal schnell ein Produkt verkaufen wollten.

Ein ganz wichtiger Punkt, um an ein Publikum zu kommen, ist aktiv zu sein. Du kannst nicht nur einmal im Monat einen Artikel für deinen Blog oder ein Beitrag in den sozialen Netzwerken (Facebook, YouTube, Twitter, Instagram etc.) posten und dann erwarten, dass du damit ein großes Publikum bekommst. Du musst dich aktiv um dein Business und dessen Inhalte kümmern und **präsent** sein. Wenn du einen Blog aufbauen willst, dann schreib regelmäßig Artikel dafür und entwickle eine Präsenz. Du solltest außerdem darauf achten, dass du regelmäßig neue Inhalte entwickelst und veröffentlichst. Vor allem für einen Blog oder die sozialen Netzwerke sollte das **Minimum** ein neuer Beitrag pro Woche sein. In den meisten Fällen verlieren Profile ihr Publikum, wenn diese anfangen, nicht mehr so regelmäßig zu posten oder die Zeit zwischen zwei Beiträgen immer größer wird. Die Leute folgen dir, weil sie an deinen Inhalten interessiert sind. Wenn sie sehen, dass dein letzter Beitrag über 2 Monate her ist, dann erwarten sie nicht, davon zu profitieren, dir in irgendeiner Art und Weise zu folgen. Psychologisch gesehen entsteht dadurch die Vorstellung, dass du nicht mehr präsent bist und vielleicht sogar aufgehört hast. Wieso sollten sie dir also noch folgen? Doch ohne neue Leute, die deinen Inhalten folgen, wird kein Wachstum möglich sein. Schau also, dass du weiterhin Inhalte veröffentlichst, um dein Publikum nicht zu verlieren. Du kannst dir auch andere Blogs und Gruppen suchen, die mit deinem Thema zu tun haben.

Auch da ist es wieder gut für dich und dein Business, wenn du aktiv bist und Kommentare schreibst. Somit kannst du auf dich und deinen eigenen Blog aufmerksam machen. Wenn du ein Business im Dienstleistungssektor betreibst, dann kannst du zum Beispiel Flyer in deiner Gegend verteilen oder aufhängen und zu passenden Veranstaltungen gehen, um auf dein Business aufmerksam zu machen. Es gibt für jedes Business mehrere Wege, aber bei keinem davon kannst du einfach nur *faul* sein und nichts tun. Es wird immer gesagt: „Von nichts kommt nichts", und das trifft in diesem Fall genau zu. Wenn du nichts tust, dann wird dein Business auch kaum Publikum bekommen, und ohne Publikum wirst du kein Geld verdienen können.

Bevor wir nun zum nächsten Schritt kommen und uns anschauen, wie genau du mit deiner Marke und deinen Produkten bzw. Inhalten letztendlich Geld verdienen kannst, wollen wir noch einmal hervorheben, wie wichtig es ist, sich um die Schritte zu kümmern, die wir uns schon angeschaut haben. Wir alle wollen am liebsten ganz einfach online Geld verdienen, **ohne** viel tun zu müssen. Das Ganze kann aber nur funktionieren, wenn du die schon besprochenen Schritte berücksichtigst. Wie gedenkst du Geld zu verdienen, wenn du kein Traffic und kein Publikum auf deiner Website hast? Im Prinzip hast du ohne ein Publikum auch keine Kunden. Und natürlich gibt es Beispiele von Leuten, die ohne eine Marke zu entwickeln, online Geld verdient haben, aber in den meisten Fällen war ihr Erfolg dann auch nur von **kurzer Dauer**. Eine Marke wird dir helfen, langfristig erfolgreich zu sein und Geld zu verdienen, indem du Kunden auf die Marke aufmerksam machst und von deiner Qualität überzeugst und dadurch ihr Vertrauen gewinnst. Du solltest also die Schritte vom Branding und der Vermarktung gewissenhaft ausführen, um langfristig gesehen Erfolg zu haben. Und dabei werden dir eben auch deine Denkweisen und Strategien, sowie deine Nische behilflich sein. Wie du siehst, gehen all diese Schritte Hand in Hand und sind miteinander verbunden.

Kapitel 5: Monetarisierung / Einnahmen

In diesem Schritt kommt nun alles zusammen, und du wirst hoffentlich anfangen, von deiner harten Arbeit zu profitieren. Wenn soweit alles gut läuft, wirst du jetzt so langsam vom Aufbau in die Betreibung deines Business übergehen. Dein Business sollte an diesem Punkt bereits so gut wie möglich aufgebaut sein, und du solltest schon ein Publikum haben. Und daraufhin wirst du jetzt hoffentlich anfangen, Geld zu verdienen. Natürlich wirst du auch noch weiterhin an einigen Dingen arbeiten müssen und eventuell den Schritt der Vermarktung zeitgleich mit diesem neuen Schritt abarbeiten. Eventuell kommen dir hierbei auch noch ein paar neue Ideen für dein Branding, also deine Website oder ein Logo. Du kannst also auch zeitgleich an mehreren Schritten arbeiten, aber du solltest keinen der Schritte auslassen.

Wie kannst du mit deiner Marke letztendlich Geld verdienen?

Hier wollen wir uns jetzt einmal anschauen, welche Möglichkeiten es gibt, um mit deinem Online Business nun wirklich Geld zu verdienen. Auch hier gibt es wieder verschiedene Wege und du musst selbst entscheiden, mit welchem du beginnen möchtest. Im Laufe der Zeit wäre es aber besser, wenn du dich nicht nur auf eine Möglichkeit festlegst, sondern **mehrere** anwendest. Es kann zwar mit einer Möglichkeit richtig gut laufen, aber du wirst in diesem Fall immer von dieser einen Möglichkeit **abhängig** sein. Und sobald sich etwas verändert, wie zum Beispiel bestimmte Nutzerbedingungen, oder wenn diese eine Möglichkeit – aus welchen Gründen auch immer – nicht mehr in Betracht kommt, hast du schlechte Karten. Du willst **nicht** nur auf eine Einnahmequelle angewiesen sein. Mehr dazu in meinem YouTube Video ***„Wie viele EINNAHMEQUELLEN haben REICHE MENSCHEN? | Parthenon Prinzip“***.

Aber schauen wir uns erst einmal an, welche Möglichkeiten es überhaupt gibt. Du kannst über Amazon oder andere Webseiten (eventuell sogar über deine eigene Website) **Produkte** verkaufen, oder **Bücher** veröffentlichen und diese verkaufen. Sei das nun als E-Book, „richtige" Taschenbücher oder Audiobücher. Du kannst auch **online Kurse** (Video-Kurse) erstellen und verkaufen. All diese Wege kosten dich aber noch einmal Zeit und Geld. Du kannst dir trotzdem einmal Gedanken darüber machen und dir überlegen, ob du diese Optionen vielleicht später nutzen willst. Wenn du einen Blog oder eine Website hast, kannst du dort Werbung laufen lassen und dadurch ein wenig Geld verdienen. Wenn du einen Blog oder YouTube Kanal hast, verdienst du dadurch allein in der Regel kein Geld. Das Geld, was Leute mit einem Blog oder YouTube Kanal verdienen, kommt viel mehr durch die Werbung, die darüber läuft. Es reicht also nicht einfach nur aus einen Blog zu haben. Wenn du damit Geld verdienen möchtest, solltest du dich um die Werbung auf deinem Blog kümmern. Sowie Affiliate-Marketing, bei welchem du bereits bestehende Produkte von anderen Individuen empfiehlst und durch Verkäufe Provisionen erhältst. Das ist ein recht einfacher Weg, aber hierbei kannst du nur Geld verdienen, wenn du guten Traffic auf deiner Website hast. Also ein relativ großes Publikum, welches regelmäßig deinen Blog besucht und anschaut. Von Werbung allein wirst du nicht reich werden, aber es ist für den Anfang ein sehr guter und einfacher Weg. Außerdem kannst du damit ganz einfach nebenbei ohne viel Arbeit ein bisschen Geld verdienen. Bei Affiliate-Marketing sind die möglichen Einnahmen, die du machen kannst, enorm!

Größe vs. Vertrauen deines Publikums

Sobald du einmal ein Publikum hast, werden all diese Wege leichter werden. Die Größe deines Publikums spielt dabei immer eine wichtige Rolle, aber auch wie gut deine Beziehung zu diesem ist.

Wenn du eine sehr gute Beziehung zu deinem Publikum hast, kann es manchmal sogar gut laufen, selbst wenn du nur ein kleines Publikum hast. Stell dir einmal vor, dein Publikum ist total groß, aber die Leute schauen sich deine Inhalte nur ab und zu an. Denke jetzt einmal an ein kleineres Publikum, zu dem du eine sehr gute Beziehung aufgebaut hast. Dieses kleinere Publikum schaut sich deine Inhalte regelmäßig an und wird dir in den meisten Fällen mehr vertrauen, als das erstgenannte Publikum. Wenn du also nun etwas anbietest oder für ein anderes Produkt wirbst, ist es wahrscheinlicher, dass das kleinere Publikum mit dem größeren Vertrauen diese Produkte anschaut und eventuell sogar kauft. Du brauchst also nicht immer unbedingt ein riesiges Publikum und total viele Leute, die dir folgen. Achte nur darauf, dass du eine gute Beziehung zu deinem Publikum aufbaust, und dass dein Publikum auch wirklich zu deinem Business passt. Das geschieht durch deren Überzeugung von der Qualität deiner Produkte, guten Kundenservice und indem du aktiv bist und mit deinem Publikum interagierst. Beantworte Kommentare und Fragen, sei für deine Leute da und lass sie wissen, dass Fragen, Kommentare und Tipps bei dir willkommen sind. Sei offen zu ihnen, sodass sie sich willkommen und wohl bei dir fühlen. Sei kreativ und lass dir immer wieder Dinge einfallen, die zu dir und deinem Business passen.

Rabattaktionen oder Gewinnspiele kommen in den meisten Fällen sehr gut an. Wenn du deine Preise für eine kurze Zeit senkst, dann ist es wahrscheinlicher, dass mehr Leute in dieser Zeit deine Produkte kaufen werden als vorher. Wir alle lieben Gewinnspiele und diese können auch relativ unkompliziert gehalten werden. Vielleicht kannst du deinem Publikum auch ein Produkt in einer limitierten Edition anbieten. Diese Prozesse sind jedoch ganz individuell und du musst selbst entscheiden, was für dich am besten ist und was zu deinem Online Business passt. Das bedeutet für dich zwar, dass du dir mehr Gedanken darüber machen musst, aber es wird dadurch auch persönlicher und das wiederum ist gut für dein Business.

Es soll ja schließlich auch dein eigenes Business sein und nicht nur die kopierte Version eines schon vorhandenen Business.

Ein weiterer Tipp, um eine gute Beziehung zu deinem Publikum aufrechtzuhalten und davon profitieren zu können, besteht darin, dein Publikum in den Prozess der Entwicklung neuer Produkte zu involvieren. Lass sie ruhig wissen, dass du an etwas Neuem für sie arbeitest und gib ihnen eine kleine Vorschau. Somit kannst du eine gewisse Vorfreude in ihnen erwecken. Das ist ein ganz beliebter Schritt in vielen verschiedenen Businessbereichen. Wenn die Filmindustrie an neuen Filmen arbeitet, dann wird dem Publikum vorher immer schon ein kleiner Trailer gezeigt. Auch Apple kündigt seine neuen Produkte immer schon im Voraus an. Es kann auch sehr hilfreich sein, wenn du dein Publikum fragst, was sie von dir erwarten oder gerne sehen bzw. haben würden. Frag sie auch, was ihnen helfen würde und mit was sie gerade zu kämpfen haben, oder in welchen Bereichen sie Hilfe brauchen. Du kannst sie auch fragen, wie viel sie bereit wären für bestimmte Produkte auszugeben. Vielleicht arbeitest du an einem neuen Logo, dann kannst du ihnen verschiedene Designs zeigen und sie können entsprechend abstimmen, welches das Beste ist. Das alles wird sehr gut und hilfreich für dich sein, um passende Produkte entwickeln zu können. Zur gleichen Zeit ist es aber auch sehr wertvoll und mit viel Spaß für dein Publikum verbunden, und es wird sehr zum Vorteil für die Beziehung zu ihnen sein.

12 Methoden um online Geld zu verdienen

Nun möchte ich dir 12 effektive Methoden zeigen, mit denen du in Verbindung mit deiner Reichweite bzw. deinem aufgebauten Publikum endlich auch online Geld verdienen kannst. Ich weiß, auf diese Informationen wartest du schon seit Beginn des Buches.

Aber es war wichtig, dir zuerst einmal dabei zu helfen, ein Publikum aufzubauen, um überhaupt effektiv etwas verkaufen zu können. Bedenke dabei bitte noch einmal, dass so etwas wie „schnell reich werden im Internet“ in der Regel nicht existiert. Solche Phrasen sind in den meisten Fällen nur betrügerische Versuche, dich in Systeme reinzuziehen, welche dir mehr Schaden als Geld einbringen. Ich will, dass du noch eine letzte Sache verstehst, bevor wir mit der Liste beginnen. Es gibt ZAHLREICHE Methoden, um nicht nur einfach online Geld zu verdienen, sondern auch um effektive, ernsthafte und seriöse Geschäftsmodelle damit aufzuziehen. Wichtig ist dabei zu verstehen, dass diese ganzen Methoden nur Mittel sind, um Geld zu verdienen. Ich rate dir davon ab, dir eine oder sogar mehrere Methoden auszusuchen, **nur** aus dem Grund, weil du damit Geld verdienen willst. Stattdessen will ich, dass du über deine Leidenschaften nachdenkst:

Welche Tätigkeit wäre es, die dir Freude bereitet? Was ist es, das du GERNE tust und dabei auch noch bezahlt zu werden einfach eine Art „cooler BONUS“ darstellen würde? Denn, wenn du etwas findest, das du nur aus „Geld-Gründen“ machst, anstatt wirkliche Freude bei der Tätigkeit an sich zu haben, dann werden fortlaufende Hindernisse und Probleme (die mit der Zeit einfach definitiv auf dich zukommen werden) dich zum Aufgeben bringen. Denke also über deine STÄRKEN und SCHWÄCHEN nach. Über Tätigkeiten, die dir Spaß machen, und entscheide dich dann erst für **eine** Methode, die auf einem ***starken Interesse***, einer ***Leidenschaft*** oder einer ***Stärke*** von dir beruht!

Nun zu einigen der – meiner Meinung nach – besten Methoden, um mit deinem Online Business Geld zu verdienen.

1. E-Books und Bücher schreiben (und veröffentlichen)

In unserer heutigen Zeit benötigst du keinen Verlag mehr, um Bücher zu veröffentlichen. Du kannst z.B. deine E-Books als PDF über deine eigene Website verkaufen. Oder im Eigenverlag über Dienste wie **Kindle Direct Publishing** (Amazon), **Books on Demand** oder **ePubli** einstellen und kostenlos veröffentlichen lassen. Diese Plattformen (gerade KDP) kümmern sich um den Verkaufsabschluss, den Buchdruck und den Versand. Also nichts mit zahlreichen Kisten voller Bücher in deinem eigenen Wohnzimmer.

Für eine genauere Anleitung, empfehle ich dir die Playlist „**Amazon KDP Self Publishing MEGA-KURS**" auf meinem YouTube-Channel anzusehen. Falls du eine Niete im Schreiben bist, kannst du auch Ghostwriter beauftragen, um deine E-Books und Bücher schreiben zu lassen. Dafür empfehle ich dir die Plattformen aus der 7. Methode.

[TIPP] Meine Empfehlung an dich: In meinem Next Level Amazon KDP MEGA-KURS zeige ich dir auch nochmal wie du effektives Influencer-Marketing betreiben kannst, ohne auch nur einen einzigen Cent dafür zahlen zu müssen. Probiere den Kurs jetzt 14 tage lang kostenlos und risikofrei aus:

> **https://bit.ly/next-level-kdp-mega-kurs** <

2. Hörbücher aufnehmen und veröffentlichen

Über einige der bereits erwähnten Dienste kannst du auch deine E-Books und Bücher als Hörbücher veröffentlichen. Dafür kannst du deine Bücher entweder selbst sprechen und aufnehmen oder semi-professionelle Sprecher dafür bezahlen, dies zu tun. Eine fantastische Website, um deine Hörbücher hochzuladen und kostenlos auf beispielsweise Amazon zu veröffentlichen, stellt **feiyr.com** dar.

Für die Erstellung kannst du dich z.B. an Sprecher auf ***fiverr.com*** wenden. Da eine solche Hörbuch-Erstellung nicht unbedingt billig ist, schlage ich dir vor, dich vorher mit dem Sprecher in Verbindung zu setzen und einen Vertrag abzuschließen. Einen Vertrag, der besagt, dass du z.B. nicht von Beginn an den vollen Betrag für die Erstellung bezahlen musst, sondern der Freelancer (also der Sprecher) monatlich beispielsweise 50% deiner Einnahmen aus den Verkäufen kassiert. Und das Ganze solange, bis der Betrag für die Erstellung abbezahlt ist. Im Anschluss könntest du dem Freelancer noch weitere 3-x Monate lang z.B. 10-20% der Einnahmen in Aussicht stellen. Auf diese Weise wird er (oder sie) sich auch motiviert dazu fühlen, solch einen Vertrag einzugehen und sich darüber hinaus auch noch besonders stark bei der Erstellung bemühen, um einen möglichst hohen Anteil zu kassieren.

3. Verkaufe physische Produkte

Du kannst auch anfangen, physische Produkte zu verkaufen. Hierfür gibt es zahlreiche Methoden und Plattformen. Dabei unterscheidet man meist zwischen zwei Methoden. Nämlich der Methode zuerst seine Lagerbestände aufzufüllen (einzukaufen), oder das Produkt erst dann einzukaufen und im Anschluss zu versenden, sobald der Kunde das Produkt auch gekauft (und bezahlt) hat. Letzteres nennt sich übrigens Dropshipping.

Relevante Plattformen:

- **Amazon FBA** (Versand durch Amazon)
- ***Shopify.de*** (für Dropshipping)
- **Seedshirt** oder ***Spreadshirt***.*de* (um T-Shirts zu verkaufen)

4. Affiliate-Marketing betreiben

Wer aber sagt denn überhaupt, dass du eigene Produkte brauchst, um online Geld zu verdienen? Du kannst ein Partner für andere Unternehmer und Marken werden und deren Produkte auf deiner Seite, in E-Books, auf Social Media Kanälen oder mithilfe deiner E-Mail Liste anpreisen und dafür werben. Du bewirbst Produkte (digital oder physisch) von anderen und erhältst dafür Provisionen in Höhe von 5%-80% des Verkaufspreises. Wie viel Provision du pro Verkauf erhältst, kommt auf deinen Partner und das Produkt an. Das Ganze nennt sich Affiliate-Marketing und ist relativ einfach. Wahrscheinlich ist das sogar einer der einfachsten Wege, um online Geld zu verdienen, die existieren. Je nachdem wie viele Leute die Produkte dann wirklich kaufen und wie teuer die Produkte sind, kann dein Verdienst recht gut sein. Außerdem musst du selbst wenig Zeit investieren, weil du erst einmal keine Produkte entwickeln und erstellen musst. Das ist also ein guter Weg und es ist sehr ratsam **wenigstens einen** Partner zu haben, für dessen Produkte man Werbung macht. Am besten sollten das Produkte sein, die auch mit deinem Thema, also deiner Nische, zu tun haben. Dabei solltest du jedoch nur für Produkte werben, von denen du auch wirklich **selbst überzeugt** bist und welche deinem Publikum in irgendeiner Art und Weise helfen können. Egal ob mit deinem eigenen Inhalt, deinen eigenen Produkten oder Produkten von deinem Partner, du solltest immer darauf achten, dass diese einen gewissen Wert für dein Publikum darstellen. Am besten sollten dies Dinge sein, die ihnen in ihrem Leben helfen oder gewisse Vorgehensweisen verbessern oder vereinfachen.

Vielleicht sind es aber auch einfach nur Produkte, die deinem Publikum Freude bereiten. Aber du solltest deinem Publikum immer einen guten Grund bieten, deine Produkte oder die Produkte von deinem Partner zu kaufen.

Nutze dafür folgende Partnerprogramme:

- **Amazon Partner Net**
- **Digistore24**
- **Rakuten Marketing**
- ***Clickbank.com***
- **Awin**

Dies sind einige der bekanntesten Partnerprogramme da draußen. Bei vielen Persönlichkeiten im Netz findest du auf der Website aber sehr oft auch Möglichkeiten zu Partnerprogrammen. Halte dafür einfach beim nächsten Website Besuch ganz oben oder ganz unten Ausschau nach dem Feld „Partnerprogramm" oder „Affiliate".

Schau dir dazu auch mein Video „**AFFILIATE LINKS ERSTELLEN mit Amazon/Digistore24/ClickBank**" an. Erfahre dort, wie man Affiliate Links erstellt und vermarktet. Außerdem zeige ich dir einige Beispielrechnungen, die dir das Einnahmen-Potenzial im Affiliate-Marketing aufzeigen werden.

5. Erziele Einnahmen durch deinen Blog oder deine Website

Du hast eine eigene Website? Sobald du um die 3.000 Besucher pro Monat auf deine Website ziehst, kannst du damit beginnen, sie zu „monetarisieren" – sprich Geld damit zu verdienen. Zum einen kannst du dafür Werbung schalten:

Eine perfekte Möglichkeit bietet dir dafür **Google Adsense**.
Deine Website ist aber auch ein guter Ort, um Affiliate Marketing zu betreiben, deine eigenen Produkte zu bewerben, **Backlinks zu verkaufen**, oder freien Platz auf deiner Website als Werbeflächen zu vermieten.

6. Erziele Einnahmen durch deinen YouTube-Channel

Wenn du dir einen YouTube-Channel mit einer großen Reichweite aufbaust, wird dir ab **1.000 Abonnenten und 4.000 Std Anschaudauer** die Möglichkeit geboten, deinen Kanal zu monetarisieren und Google Adsense Werbung in deinen Videos zu schalten. Dadurch bekommst du auf 1.000 Aufrufe ca. 0,50 € - 1,00 €. Um allein durch YouTube-Werbeeinnahmen viel Geld zu verdienen, benötigt es einen immens großen Channel mit enorm vielen Aufrufzahlen. Kleinere Channel bekommen daher nur „Taschengeld“ durch die Monetarisierung. Bei **Sponsorings** sieht es allerdings schon anders aus. Dabei handelt es sich um Videos, die von Unternehmen und Firmen durch Werbung bezahlt und gefördert werden. Der YouTuber erhält meist einen bestimmten Betrag, um das Video zu erstellen und ein Produkt zu empfehlen. Kann aber auch längerfristig z.B. durch Affiliate-Marketing weiterhin am Verkauf verdienen. Affiliate-Marketing und das Bewerben eigener Produkte ist übrigens die beste und schnellste Möglichkeit, um auch mit kleinen YouTube Kanälen viel Geld zu verdienen. Fokussiere dich daher nicht ausschließlich auf Werbeeinnahmen.

7. Werde zum Freelancer

Über Webseiten wie:

- ***fiverr.com***
- ***upwork.com***
- ***tennerr.de***
- **textbroker.de**
- **lass-andere-schreiben.de**

kannst du als Freelancer tätig sein und deine Dienstleistungen online anbieten.

Dienstleistungen wie z.B.:

Texter: Schreibe als Ghostwriter für andere Leute Artikel, E-Books, Bücher, SEO optimierte Artikel oder erstelle Transkripte von Audio-Dateien wie z.B. Interviews.

Lektor/Korrektor: Korrigiere Grammatik, Rechtschreibung und Zeichensetzung von Texten aller Art.

Grafiker/Designer: Entwerfe Banner, Cover, Hüllen, Logos, Webseiten-Designs oder alle möglichen Designs für die unterschiedlichsten Bereiche.

Sprecher: Werde dafür bezahlt, alle möglichen Texte, Werbung, Hörbücher oder vieles mehr zu sprechen.

Video Editor: Du bist gut im Umgang mit Video-Programmen, wie z.B. Sony Vegas? Dann kannst du entweder spezifische Aufträge annehmen und entwerfen oder dich ans Werk machen und fertige „von der Stange“-Videos erstellen – welche du dann schlussendlich mit speziellen Namen, Texten oder Logos deines Kunden optimierst und so durch geringen Zeitaufwand online Geld verdienst. Denke dabei z.B. an simple Buchtrailer, oder Intros und animierte Logos für YouTuber und ihre Channel.

8. Mitgliederbereich erschaffen (monatlicher Verdienst)

Auf deiner Website kannst du auch einen Mitgliederbereich erschaffen, in welchem du zielgruppenspezifische Inhalte wie Artikel, Videos oder Online-Kurse anbietest. Und dabei der Zugriff auf diese Inhalte nur bestehen bleibt, solange das Mitglied dich monatlich dafür bezahlt. Ein hervorragendes Tool dafür nennt sich *Wishlist Member (member.wishlistproducts.com)*.

9. Online Retailing

Als Retailer kaufst du im Prinzip Produkte billig ein, um sie anderswo teurer weiterzuverkaufen. Dabei kann es sich um beinahe alles handeln. Doch gerade heutzutage sind einige der bekanntesten und erfolgreichsten Retailer die Leute, die Sneaker verkaufen. Wie z.B. der **Sneaker Don** (bereits mit 16 Jahren erreichte er einen Umsatz von $1 Million).

10. Apps und Softwares

Eine weitere Möglichkeit besteht darin, Apps und Software für dein Online Business zu entwickeln. Dafür musst du aber ein wenig Geschick haben und viel darüber wissen oder – **besser noch** – jemanden bezahlen, der dir dein Produkt erstellt oder dir zumindest in bestimmten Bereichen dabei hilft. Das kann also relativ teuer und zeitaufwendig werden. Aber wenn du damit schon Erfahrungen hast, dann kann das in einigen Fällen sehr hilfreich für dein Online Business sein. Nicht jedes Business braucht unbedingt seine eigene App, aber für manch ein Business kann es durchaus von Vorteil sein.

Hierbei musst du wieder selbst entscheiden, was gut zu deinem Business passen würde. Es kommt dabei wirklich auf dein Thema, also deine Nische, an und auf deine Kreativität. Vielleicht hast du ein Business, welches nicht wirklich seine eigene App oder Software brauchen würde, aber eine so gute Idee, dass es durchaus zu deinem Vorteil dienen kann. Wenn du einen Mentor hast oder eine Person, die dir bis jetzt schon mit deinem Business geholfen hat, dann kannst du deine Ideen mit ihm teilen und sehen, was er davon hält. Generell kann der Besitz einer Software oder einer App eine sehr große Gelegenheit darstellen. Es kann eine sehr wirksame und einflussreiche Möglichkeit sein, vor allem in der heutigen Zeit, da alles stark von den technischen Gegebenheiten beeinflusst und in mancher Hinsicht sogar abhängig geworden ist. Diesen Weg sollte man aber nur gehen, wenn man schon ein großes Publikum hat und zudem ein wenig Startkapital, da diese Methode den größten Betrag an Kapital und Fähigkeiten voraussetzt.

11. Online-Coachings

Du bist in einem bestimmten Bereich besser, erfahrener und informierter als andere Menschen? Wieso dann keine Coachings geben? Dies kannst du natürlich auch offline „1zu1" oder auf Events tun. Aber im Rahmen deiner Website, deines YouTube-Channels oder diversen Marketing Maßnahmen (z.B. Facebook Ads) kannst du auch Besucher auf deine Website locken und Online-Coachings mithilfe von Skype, Zoom oder einfach über's Telefon geben.

12. Kurse, Seminare und Online-Kurse

Und wie vorher schon einmal angesprochen, kannst du auch Dienstleistungen anbieten. Zum Beispiel in Form von Kursen und Seminaren, oder du stellst ganze Veranstaltungen auf die Beine, und kannst durch Eintrittskarten Geld verdienen. Wenn du schlau bist, dann nimmst du diese Seminare bzw. Events professionell auf und erstellst ein eigenes Produkt aus ihnen, welches du dann auch verkaufen kannst. Sollten deine Sprecher-Fähigkeiten noch nicht die besten sein, dann kannst du diese Seminare auch kostenlos geben, bzw. dich in bereits bestehende durch Anfragen selbst einladen, dort kostenlose Vorträge geben, diese aufnehmen und später als Videos auf YouTube, deiner Website oder deinem – jetzt kommt´s – bezahlten Mitgliederbereich hochladen. Somit erhältst du ganz einfach neue Inhalte, durch die dich deine Zuschauer bald als „Experten" in deiner Nische wahrnehmen werden.

Du solltest dabei nur berücksichtigen, dass die Leute auch wirklich an deinen Kursen oder Veranstaltungen interessiert sind, und **wirklich** kommen oder teilnehmen wollen. Denn du willst sicherlich keine Veranstaltung organisieren und dafür Geld ausgeben, wenn am Ende nur 5 Leute kommen. Wenn du aber ein großes Publikum hast und diese daran interessiert sind, dann kann das auch eine gute Möglichkeit für dich sein, um durch Dienstleistungen Geld zu verdienen. Beim Erstellen von Veranstaltungen solltest du wirklich darauf achten, wie viele Leute aus deinem Publikum kommen würden. Es ist eine Sache, dass sie an der Veranstaltung interessiert sind, aber dann musst du auch bedenken, dass nicht alle Leute aus deinem Publikum in deiner Nähe wohnen und zur Veranstaltung kommen können. Bei Kursen ist das ein wenig anders, da sie diese einfach online absolvieren können. *Deshalb nimmst du solche Veranstaltungen auch auf.*

Anschließend kannst du Online-Präsentationen erstellen oder die Kursinhalte in Form von Videos und entsprechenden Notizen hochladen und zum Kauf anbieten.

Solltest du dich dafür entscheiden, Kurse und Seminare zu entwickeln und diese online zur Verfügung zu stellen, dann solltest du dabei besonders auf deinen Inhalt achten. Vor allem, wenn dein Publikum für die Kurse bezahlt. Im Prinzip verkaufst du nämlich nichts anderes, als den Inhalt der Kurse. Ein Blatt Papier allein ist nicht viel wert, aber die richtigen Notizen darauf können sehr wertvoll sein, wenn diese deinem Publikum in irgendeiner Art helfen können. So ist es auch mit deinen Kursen. Versuche deshalb Kurse zu entwickeln, die positive Veränderungen bei den Absolventen hervorrufen können bzw. werden. Der Wert der Kurse wird vielmehr darüber bestimmt, was es den Leuten bringen kann. Also inwiefern es diese positiv beeinflussen kann, und welche Auswirkungen es mit sich bringt. Wenn es zu deinem Thema und deinem Online Business passt, dann kannst du auch verschiedene Mitgliedschaften entwickeln. Das kann sehr gut zu einem Business passen, bei dem du deinem Publikum etwas beibringen möchtest. Zum Beispiel bei einem Online Business für Kunstkurse oder Gitarrenunterricht. Dabei kannst du regelmäßig kleine Lernvideos und Unterrichtsstunden aufnehmen und diese auf deiner Website (oder deinem YouTube-Channel) hochladen. Und dann kannst du eventuell verschiedene Mitgliedschaften anbieten. Vielleicht hast du eine kostenlose Mitgliedschaft, bei der die Leute aber nur begrenzten Zugriff auf die Videos haben. Darüber hinaus können sie aber auch ein Mitglied werden, und monatlich einen bestimmten Betrag bezahlen, um sich alle Videos anschauen zu können.

Videokurse (Online-Kurse) kannst du erstellen und über zahlreiche Plattformen veröffentlichen, wie z.B. **Digistore24** , ***Udemy.com*, Teachable oder *Thinkific.com*.**

Kosten

Viele dieser Möglichkeiten werden dich größtenteils nur wenig bis hin zu gar keinem Geld kosten, dafür jedoch ein wenig Zeit in Anspruch nehmen. Du kannst deine Marke entwickeln und diese vermarkten, ohne anfangs viel Geld ausgeben zu müssen. Natürlich kannst du auch Wege wählen, bei denen du mehr Geld ausgeben musst. Das wäre zum Beispiel der Fall, wenn du jemanden anstellst, damit dieser dir hilft. Oder wenn du Werbeplakate und Flyer für dein Business drucken lässt. Aber wie gesagt, du kannst auch ganz einfach die Möglichkeiten online nutzen und musst dafür kein Geld bezahlen. Die meisten sozialen Netzwerke kannst du kostenlos nutzen. Die einzigen Dinge, die du wirklich kaufen musst, sind deine Website und z.B. ein Tool wie GetResponse, um effizient E-Mail Marketing betreiben zu können.

Dabei musst du meist eine monatliche Gebühr bezahlen. Aber das ist nicht so teuer wie du denkst, und du wirst diese für eine lange Zeit benutzen können. Weitere Tools, die du im Laufe deines Online-Unternehmer-Daseins nutzen könntest, wären Tools wie Clickfunnels oder Builderall, um Landingpages zu erstellen. In diesem E-Book werde ich allerdings nicht weiter darauf eingehen, weil sich solche Tools eher an Fortgeschrittene wenden. Für den Anfang reicht dir eine einfach Website vollkommen aus. Denke also genau darüber nach, welchen Namen du für deine Website wählst.

Es sollte nicht allzu kompliziert sein, und es wäre auch gut, wenn dein Markenname darin vorkommt. Falls du keine Produkte verkaufen wirst, sondern stattdessen Dienstleistungen anbieten willst, dann kannst du einfach den Namen von deinem Business benutzen. In den meisten Fällen ist der Markenname der gleiche wie der Businessname.

Sobald du einmal mehr Traffic (Besucher) auf deiner Website hast, werden sicherlich noch ein paar weitere Kosten hinzukommen, wie eine Gebühr für deine E-Mail Liste, damit du Newsletter und Ankündigungen super leicht an dein Publikum verschicken kannst.

Und dann gibt es immer noch so genannte Extras, wie zum Beispiel Werbung auf Facebook oder Instagram zu schalten, aber das wirst du am Anfang noch nicht brauchen. Kostenlose Möglichkeiten zu nutzen, wird von vielen „Experten“ verteufelt. Die Wahrheit ist aber, dass es zahlreiche Online-Marketer gibt, die zu Beginn mit kostenlosen Werbeaktionen für genug Traffic gesorgt haben, um mit ihren Produkten und Partnerprogrammen in Spitzenzeiten bis zu 10.000 € monatlich zu verdienen.

Ein gutes Beispiel dafür wäre **Anik Singal,** welcher durch kostenlose Werbung in Form von Gruppen-Beiträgen auf Facebook und in diversen Foren genug Traffic auf seine Website ziehen konnte, dass er monatlich $10.000 verdienen konnte. Du siehst also, dass du mit kostenlosen Marketingtechniken bereits sehr weit kommen kannst. Und später kannst du dir immer noch überlegen, ob du diese Extras benutzen möchtest. Hoffentlich hast du bis dahin aber auch schon ein wenig Geld mit deinem Online Business verdient, und kannst daraufhin auch entsprechend ein wenig Geld in die Werbung investieren, solltest du dich dazu entscheiden.

Zusammenfassung

Bevor wir zum nächsten und letzten Schritt kommen, will ich sichergehen, dass du weißt, wie wichtig die vorhergehenden Schritte wirklich sind. Ein Produkt zu entwickeln ist relativ leicht. Wenn du die vorhergehenden Schritte jedoch nicht beachtet hast, dann wirst du wenig Erfolg damit haben.

Du kannst zum Beispiel relativ einfach ein Buch schreiben, ein Cover dafür erstellen und dieses bei Amazon veröffentlichen. Der ganze Prozess kann sogar in nur 24 Stunden abgeschlossen werden.

Das heißt aber nicht automatisch, dass du damit Geld verdienen wirst. Ich weiß wovon ich da spreche. Weil ich zu Beginn genau denselben Fehler gemacht habe! Um mit deinem veröffentlichten Buch (oder einem sonstigen Produkt) wirklich einen Profit zu machen, ist es ausschlaggebend ein Publikum zu haben. Ich kann das nicht oft genug erwähnen. Kümmere dich um dein **Publikum**, damit du langfristig gesehen erfolgreich sein kannst. Des Weiteren will ich dir wirklich empfehlen, dich noch stärker mit dem Thema Affiliate-Marketing zu beschäftigen, sobald du mehr Traffic (Besucher) auf deiner Website hast und dein Online Business ein gutes Publikum erreicht hat. Affiliate-Marketing ist wahrscheinlich sogar der einfachste und kosteneffizienteste Weg überhaupt, um online Geld zu verdienen, da du erst einmal selbst keine Produkte entwickeln musst.

Du suchst dir einfach nur Produkte aus, die zu deinem Business passen und von denen du selbst überzeugt bist und bewirbst diese auf deiner Website, deinem Blog oder deinen sozialen Netzwerken. Du gehst hierbei auch kein großes Risiko ein und musst wenig Zeit dafür investieren. Es ist also ein guter Weg für den Anfang und ein guter Weg für später, um ganz nebenbei ohne viel Arbeit noch ein wenig mehr Geld zu verdienen. Starte ruhig mit dem Affiliate-Marketing, aber auch wenn das gut läuft, solltest du mit der Zeit anfangen, deine eigenen Produkte und Inhalte zu entwickeln und diese anzubieten.

Es ist dabei auch immer wichtig, dass du nur für Produkte wirbst, von denen du selbst überzeugt bist und weißt, dass diese eine **gute Qualität** haben. Du solltest immer schauen, dass was auch immer du sagst und anbietest, deinem Publikum in irgendeiner Art und Weise hilft. Sei es nun durch gute Qualität eines Produktes oder durch gute Tipps und Ratschläge für bestimmte Themen. Solltest du ein Produkt anpreisen, welches eine schlechte Qualität hat oder nicht hilfreich ist und keinen (Mehr-) Wert bietet, dann wird dir das langfristig gesehen Schaden einbringen. Eventuell verlierst du dadurch sogar Leute aus deinem Publikum, wenn diese von dem Produkt enttäuscht sind. Versuche das also um jeden Preis zu vermeiden.

Zum Schluss erinnere ich dich nochmals daran, nicht nur auf **eine** Strategie zu setzen. Dinge können sich so schnell ändern, dass es deinem Business schaden könnte, wenn du zum Beispiel nur auf Amazon verkaufst und diese ihre Nutzerbedingungen ändern oder deine Produkte nicht mehr anbieten wollen – dann kann dein Business dadurch komplett zusammenbrechen. Einzig aus dem Grund, dass du alles auf nur eine einzige Karte gesetzt hast und in diesem Fall komplett von Amazon **abhängig** warst. Das wäre ein fataler Fehler. Fang ruhig erst einmal mit nur einer Möglichkeit an und sobald das relativ gut läuft, kannst du dich um **weitere** kümmern und andere Strategien hinzufügen. Es ist am besten für dich, wenn du **mehrere Einnahmequellen** für dein Online Business hast. Und generell wird es deinem Business immer guttun, wenn du die Nöte der anderen über deine eigenen stellst. Die Leute werden dich mit der Zeit kennenlernen und erkennen, ob du wirklich daran interessiert bist ihnen zu helfen, oder ob du das alles nur für das Geld tust. Am besten ist es, wenn du wirklich daran interessiert bist ihnen zu helfen. Ein Interesse oder sogar eine Leidenschaft für das Thema bzw. für deine Nische zu haben, wird dir dabei helfen, aber auch welche Qualität du anbietest und wie freundlich und offen du mit deinen Kunden (Lesern, Zuschauern, Zuhören und Fans) umgehst.

Auch wenn es dir in deinem Online Business darum geht, Geld zu verdienen, sollte es dir in jedem Fall aber auch um die **Menschen** dahinter gehen. Das bedeutet jedoch nicht, dass dein Business nun dein ganzes Leben bestimmt und du sofort springen musst, sobald jemand aus deinem Publikum etwas will. Natürlich ist es von Vorteil deinem Publikum bei Fragen und Problemen relativ schnell zur Seite zu stehen, aber du musst nicht dringend immer *sofort* antworten. Vor allem nicht, wenn du gerade mit etwas anderem und wichtigerem beschäftigt bist. Versuche aber auch nicht zu lange zu warten, bis du auf Kommentare und Nachrichten antwortest. Am besten ist es also eine gewisse Balance zu finden. Vielleicht brauchst du auch ein paar selbst gesetzte Regeln, an die du dich halten musst. Wenn du zum Beispiel einen Abend in der Woche einen Familienabend hast, dann bist du an genau diesem Abend eben mal **nicht** erreichbar. Das ist vollkommen okay. Wenn du das von Anfang an beachtest und einhältst, dann weiß dein Publikum auch worauf es sich einstellen muss, wenn es dir Nachrichten schickt.

Solltest du aber am Anfang auf jede Frage sofort antworten und dann später sagen, du nimmst dir 2 Tage die Woche frei, dann kann das für dein Publikum schwieriger zu verstehen sein. Eventuell haben sie sich so darauf eingestellt, dass sie immer sofort eine Antwort bekommen, dass sie von dir enttäuscht sein werden. Das heißt zwar nicht, dass du unbedingt etwas falsch gemacht hast, aber es könnte dir eventuell ein wenig schaden. Manche Leute vergessen, dass Online-Unternehmer auch nur Menschen mit einem normalen Leben sind und manchmal ihre Zeit für sich selbst brauchen.

Behalte das ein wenig im Hinterkopf, damit du später nicht gekränkt bist, wenn das tatsächlich einmal auftreten sollte. Außerdem wirst du mit einer hohen Wahrscheinlichkeit im Laufe der Zeit auf jemanden stoßen, der dein Business nicht mag oder der mit deinen Entscheidungen nicht zufrieden ist.

Du wirst sicherlich mindestens einen schlechten Kommentar erhalten. Nicht jeder wird dich mögen. Versuch trotzdem immer relativ freundlich zu bleiben und sei einfach darauf vorbereitet. Es muss nicht heißen, dass du wirklich schlecht bist. Sei ehrlich zu dir selbst und dann gehst du deinen eigenen Weg und tust, was du für richtig und gut für dein Online Business hältst.

Kapitel 6: Optimierung / Weiterentwicklung

Wenn du an diesem Punkt angekommen bist, ist dein Business hoffentlich schon auf den Beinen und läuft relativ gut. Wenn das noch nicht der Fall ist, dann solltest du noch einmal auf die vorhergehenden Schritte zurückblicken und dich vorerst noch nicht mit dem Schritt der Optimierung befassen. Du kannst nur etwas verbessern und weiterentwickeln, was schon vorhanden ist.

Du hast bis jetzt viel harte Arbeit in dein Business gesteckt und eventuell auch relativ viel Zeit und Geld investiert. Aber wenn dein Business einmal am Laufen ist, wird es jetzt ein wenig einfacher für dich werden. Du kennst die Strategien und hast hoffentlich immer noch einen Plan für dein Business. Vielleicht hast du schon mehrere Einnahmequellen oder fängst jetzt langsam an, weitere Einnahmequellen hinzuzufügen. Selbst wenn du schon eigene Produkte kreiert hast und diese gut bei deinem Publikum angekommen sind, kannst du dich trotzdem nicht einfach zurücklehnen und nichts tun. Du musst an deinem Online Business dranbleiben und weiterhin daran arbeiten. Wenn du einen Blog hast, bedeutet das für dich weiterhin regelmäßig Artikel zu verfassen. Benutzt du die sozialen Netzwerke, dann musst du auch dort aktiv bleiben und regelmäßig (mind. 1 x die Woche) Beiträge veröffentlichen. Vielleicht läuft dein Business auch so gut, dass du jemanden anstellen kannst, damit derjenige sich um diese Dinge kümmert, sodass du weniger zu tun hast. Selbst wenn das der Fall, gibt es ein paar Dinge, um die du dich dennoch selbst kümmern solltest.

Und zwar ist das die **Optimierung** deiner Marke.

Du solltest immer an deiner Marke arbeiten und schauen, was du wie verbessern kannst. Manchmal kannst du schon durch ein paar kleine Veränderungen Großes erzielen. Angenommen deine Website wird nur aufgrund einer Farbveränderung oder der Auswahl einer neuen Schriftart besser. Wenn das der Fall ist, dann solltest du diese zwar kleinen, aber bedeutenden Veränderungen vornehmen. Das kann in einigen Fällen sogar Einfluss auf deinen Verdienst haben. Achte darauf, was dein Publikum mag und versuche deine Website dementsprechend anzupassen. Vielleicht findest du auch einen Weg, wie deine Artikel auf deiner Website schneller geladen werden können. Oder du findest Wege, um etwas für deine Kunden zu vereinfachen. Geh immer mal wieder auf deinen Blog, deine Website und deine sozialen Netzwerke (und alles andere, was du betreibst) und schau es dir an. Sehen sich diese überhaupt ähnlich? Gibt es einen Wiedererkennungswert in allen deinen Profilen? Vielleicht hast du noch kein Logo, aber könntest jetzt eines entwickeln. Schau dir auch regelmäßig an, wie deine Kunden deine Produkte bewerten. Du kannst auch Umfragen an deine Kunden verschicken und um Verbesserungsvorschläge bitten und abfragen, was ihnen jetzt schon gut gefällt. Vielleicht haben ja einige deiner Kunden wunderbare Ideen, die dir weiterhelfen können. Außerdem erhältst du so die Beziehung zu deinem Publikum und deinen Kunden aufrecht. Lass dein Publikum zu einem Teil deines Business werden.

Schau dir auch regelmäßig die Statistiken von deiner Website und deinem Blog an. Du kannst diese auswerten und prüfen, wie viele Leute sich dein Profil in bestimmten Zeiträumen anschauen, wo auf der Welt sich diese Leute befinden und so vieles mehr. Im Laufe der Zeit kannst du dadurch also dein Wachstum beobachten und es ist auch einfach mal interessant zu sehen, aus welchen Ländern deine Kunden kommen. So viele verschiedene Möglichkeiten stehen dir zur Verfügung, also nutze sie auch.

Solltest du Veränderungen an deinem Blog, deiner Website oder in den sozialen Kanälen vornehmen, dann kannst du daraufhin die Statistiken beobachten und schauen wie sich diese im Vergleich zu vorher verändern. Du kannst damit ein wenig herumexperimentieren und sehen, was deinem Online Business guttut, aber du solltest dich dadurch nicht verrückt machen lassen. Versuche also nicht jede Woche z.B. dein Layout oder deine Farben zu verändern, nur um herauszufinden, was den Leuten am besten gefällt.

Ständiger Wandel

Wir leben in einer Zeit, in der sich alles relativ schnell ändert und weiterentwickelt. Es wäre also eine Schade, wenn dein Business immer gleichbleiben würde. Irgendwann wird es einfach nicht mehr mit den zeitlichen Neuerungen standhalten können und du wirst nicht mehr so viel Erfolg haben.

Wenn sich alles um dich herum ändert und verbessert, dann solltest du das auch mit deinem Online Business tun. Sei kreativ und lass dir kontinuierlich neue Ideen einfallen. Vielleicht kommen dir auch neue Ideen für weitere Produkte, dann kannst du daran arbeiten und diese entwickeln und mit der Zeit immer neue Produkte veröffentlichen und anbieten. Wenn du gegen die anderen Unternehmer eine Chance haben willst, dann musst du dranbleiben und dein eigenes Business immer weiterentwickeln. Wie du siehst, wirst du also immer noch an deinem Online Business arbeiten müssen.

Das wird auch nicht aufhören, es sei denn du stellst ein ganzes Team ein, welches die ganze Arbeit für dich tut. Mit dem jetzigen Stand deines Business sollte sich deine Arbeit aber verändern und hoffentlich auch ein wenig leichter werden.

Hoffentlich bist du jetzt sogar an einem Punkt angelangt, wo du weißt, wie alles am besten abläuft. Du weißt, wann du was veröffentlichen möchtest, wie oft du E-Mail Rundbriefe rausschicken möchtest und hast herausgefunden, wie du am besten arbeiten kannst. Vielleicht brauchst du eine ganz bestimmte Umgebung, um effektiv arbeiten zu können, oder du weißt, wie du dir deine Zeit am besten einteilen kannst. Wahrscheinlich weißt du mittlerweile auch, wie viel Zeit du brauchst, um bestimmte Aufgaben zu erledigen und kannst dadurch bessere Pläne erstellen. Es wird dir und deinem Business guttun, wenn du wenigstens ein Stück weit organisiert bist und dir deine Zeit gut einteilen kannst. Versuche auch wirklich immer selbstgelegte Termine einzuhalten. Wenn du deinem Publikum zum Beispiel sagst, dass jeden Montag ein neuer Artikel auf deinem Blog veröffentlich wird, dann solltest du das auch einhalten.

Zusammenfassung des Gelernten

In diesem Kapitel wollen wir die einzelnen Schritte und Vorgehensweisen noch einmal kurz zusammenfassen. Dabei ist es wie gesagt sehr wichtig, alle Schritte zu beachten, weil du ansonsten langfristig gesehen keinen Erfolg haben wirst. Du brauchst eine gute Grundlage und ein gutes **Fundament,** bevor du anfangen kannst deine Produkte zu verkaufen. Einige Schritte, wie die Ausarbeitung deiner Marke und das Vermarkten dieser, können bzw. werden gleichzeitig geschehen und alle Schritte sind in irgendeiner Weise miteinander verbunden. Jeder einzelne Schritt ist dabei für dein Online Business wichtig und sollte deswegen berücksichtigt werden.

Anfangs haben wir uns erst einmal Gedanken über die Denkweisen und Strategien gemacht. Diese sind sehr wichtig für dein Fundament, und auch wenn du später auf Probleme stößt. Danach solltest du dir eine Nische, also ein Thema, für dein Business auswählen.

Du solltest immer in deiner Nische bleiben, damit du das passende Publikum adressieren kannst und die richtigen Leute auf dich aufmerksam machst. Sobald du deine Nische ausgewählt hast, kannst du anfangen dein Business so richtig aufzubauen. Damit verbunden ist deine Marke, die später dein Business repräsentieren wird. In diesem Schritt fängst du also an, deinen Plan, deine Ideen und deine Gedanken in die Tat umzusetzen. Du kümmerst dich demnach um deine Website, deinen Blog und deine sozialen Netzwerke. All diese Dinge sollten **zeitgleich** geschehen und zusammenpassen. Wenn du ein Logo hast, sollte dieses überall auftauchen, genauso wie dein Markenname überall erscheinen sollte. Schau welche Designs am besten zu dir und deinem Online Business passen und mach dir Gedanken über deine Inhalte und auch schon über ein paar mögliche Produkte für die Zukunft.

Es kann hierbei auch sehr hilfreich sein, einen kleinen Businessplan zu erstellen. Wenn deine Website und deine sozialen Netzwerke aufgebaut sind, solltest du anfangen, Leute auf dein Business aufmerksam zu machen. Das ist der Schritt der Vermarktung, in dem du dein Publikum erreichen und aufbauen willst. Wir haben uns verschiedene Wege angeschaut und es wäre gut, wenn du mehr als nur einen davon auswählst und anwendest. Ein gutes Publikum zu haben ist wichtig, damit du später Kunden hast und somit Geld verdienen kannst. Dabei geht es jedoch nicht immer nur darum, ein relativ großes Publikum zu haben, sondern vielmehr darum, das **richtige** Publikum zu haben. Du willst also die Leute erreichen, die am besten zu deiner Nische passen. Schau also welche Menschen du mit deinem Business eigentlich erreichen willst, und welche am besten zu deiner Nische passen, und diese solltest du dann auf dein Business aufmerksam machen. Gut wäre es auch, wenn du von Anfang an damit beginnst, gute Beziehungen zu deinem Publikum aufzubauen. Ganz wichtig dabei ist es immer **aktiv** zu sein.

Dein Publikum wird nicht selbst zu deinem Online Business finden und deine Produkte kaufen. Du musst zu allererst einmal ihr Vertrauen gewinnen und sie von der Qualität deiner Produkte überzeugen. Achte also darauf, was genau du postest und veröffentlichst. Wir haben uns außerdem mehrere Arten angeschaut, wie du nun endlich mit deiner Marke Geld verdienen kannst. Auch hierbei ist es wieder von Vorteil, wenn du mehrere Arten anwendest und dich nicht nur von einer davon abhängig machst. Das kann dir später nämlich zum Nachteil werden. Außerdem kannst du mit mehreren Einnahmequellen leichter mehr Geld verdienen. Und sobald dein Business gut läuft, musst du dennoch weiterhin daran arbeiten. Du solltest immer nach Wegen Ausschau halten, wie du dein Online Business besser machen kannst. Nutze die Ressourcen, die dir zur Verfügung stehen, wie zum Beispiel deine Statistiken auf deiner Website oder anhand von Umfragen, die du an deine Kunden sendest, oder sonstigen analytischen Tools. Wenn alles gut läuft und du viel Geld verdienst, kannst du auch ein Team aufbauen und Leute einstellen, die bestimmte Bereiche für dich übernehmen. Generell sollte es ein wenig leichter für dich werden, sobald dein Business einmal läuft.

Viele Leute konzentrieren sich nur auf das Geld verdienen, und beachten die Schritte davor kaum. Dabei geht es in den ersten Schritten ja genau um den Aufbau deines Online Business. Du solltest dich daher also viel mehr um die ersten paar Schritte bemühen, weil diese deine Grundlage bilden werden. Eine gute Grundlage ist wichtig, damit dein Online Business langfristig gesehen gut laufen kann. Es steckt viel Arbeit dahinter und du musst sicherlich am Anfang viel Zeit in deine ganzen Pläne stecken, aber es wird mit der Zeit auch einfacher werden und du wirst sehen, schon bald kannst du die ersten Kunden haben und dann wirst du auch so langsam anfangen von der harten Arbeit zu profitieren. Gib dir dabei viel Mühe und achte immer auf die Qualität deiner Produkte und deiner Inhalte. Das ist sehr wichtig.

Falls du dir immer noch nicht ganz sicher bist und ein wenig Geld investieren willst, dann wäre es am besten, wenn du mehr über die Denkweisen und Strategien lernst. Das kann durch Besuche von Kursen und Seminaren geschehen, aber auch durch das Lesen von Büchern. Du kannst auch mit anderen Online-Unternehmern über die ersten Schritte sprechen und diese nach Tipps und Tricks fragen. Es kann nicht schaden, wenn du dir erst einmal ein paar Gedanken über jeden weiteren Schritt machst. Vor allem, wenn du ganz neu in dem Bereich bist und noch nicht so viel über den Aufbau und die Betreibung von einem Online Business weißt. Nimm dir ruhig ein wenig Zeit und schau dir alles genau an, damit du später nicht noch einmal von vorne anfangen musst oder alles erneuern bzw. verändern musst. Mach es gleich von Anfang an **richtig und ordentlich** und es wird dir später viel Zeit und Kraft ersparen.

Und zum Schluss noch Folgendes

Es stehen dir so viele Türen offen, mit unendlich vielen Möglichkeiten. Lass dich nicht von deinen eigenen Ängsten und Zweifeln abhalten. Wir alle versuchen immer Ausreden zu finden, aber solange du diesen Ausreden Beachtung schenkst, wirst du nicht weit kommen. Es heißt, dass Menschen arm sind, weil sie die Möglichkeiten nicht nutzen, die sich ihnen in den Weg stellen. Und auch, weil sie immer an allem zweifeln und nicht glauben, dass es möglich ist. Wenn du wirklich erfolgreich sein willst, dann musst du wirklich **fest daran glauben**, dass es möglich ist und du es schaffen kannst.

Solltest du von Anfang an schon daran zweifeln, dann werden dir deine negativen Gedanken den ganzen Prozess um einiges erschweren. Wir haben anfangs über den Einfallsreichtum geredet. Schau, dass du zu jedem Problem eine Lösung findest und die nötigen Ressourcen, die du dazu brauchst.

Das kann aber auch nur funktionieren, wenn du wirklich an dein Business und deinen Erfolg glaubst. Negative Gedanken und Ausreden sollten dabei keinen Platz mehr finden. Sie werden dir wirklich nicht hilfreich sein. Du kannst aber auch nicht blind gegenüber den Problemen sein. Nimm sie bewusst als Probleme an, und dann kannst du Entscheidungen treffen und dementsprechend handeln. Und manchmal wirst du eben auch Entscheidungen treffen müssen, denen nicht jeder in deinem Publikum zustimmen wird. Und obwohl es wichtig ist, dein Publikum glücklich zu machen und in manchen Situationen auf dein Publikum zu hören, ist es nicht deine Aufgabe, immer jeden glücklich zu machen. Wenn du immer nur versuchst auf dein Publikum zu hören, dann wirst du schon bald erschöpft sein. Wie gesagt, bleib dir und deinem Business treu und triff deine Entscheidungen so, dass sie deiner Meinung nach am besten für dich und dein Online Business sind.

Kapitel 7: Q & A – Häufig aufkommende Fragen

Woher weiß ich, dass ich bereit dazu bin, mein eigenes Online Business zu betreiben?

Im Prinzip wirst du dir niemals zu hundert Prozent sicher sein können, ob du dafür bereit bist. Jedenfalls nicht, bis du den Schritt selbst einmal gewagt hast, es einfach ausprobierst und es darauf ankommen lässt. Und das kann anfangs sehr einschüchternd wirken, aber wenn du die Schritte in diesem Buch gelesen hast und beachtest, dann wird dir das auf jeden Fall sehr weiterhelfen. Vor allem wenn du noch einen ganz normalen Job hast, dann sollte es für dich kein Risiko sein mit der Zeit nebenbei ein Online Business aufzubauen. In dem Fall ist es also leichter zu sagen, du bist bereit dafür, es wenigstens zu probieren und zu sehen, was dabei herauskommt. Natürlich gibt es trotzdem ein paar Faktoren, die dir bei der Entscheidung helfen können. Diese werden auch sehr hilfreich sein, wenn dein Business gut läuft und du dir die Frage stellen musst, ob du bereit bist, deinen Vollzeitjob (oder deinen Job ganz allgemein) aufzugeben und allein von dem Einkommen deines Business leben zu können. Wenn du an dem Punkt dieser Entscheidung angelangt bist, kannst du erstens einmal froh sein, dass du es so weit gebracht hast und relativ gut Geld verdienst, andererseits solltest du jedoch ein paar Maßnahmen treffen, bevor du wirklich deine Kündigung einreichst.

Wie schon vorher einmal gesagt, es ist wirklich sehr wichtig für dich, dass du Dinge schon im Voraus planst und dein Online Business von Anfang an gut organisiert ist.

So wie ein allgemeiner Businessplan dir beim Aufbau und der Betreibung deines Business helfen wird, solltest du auch deine Finanzen gut überschaubar zur Verfügung stehen haben. Diese musst du in gewisser Art und Weise studieren, bevor du deinen Job aufgibst, denn somit wird ja das Einkommen aus diesem Job nunmehr wegfallen. Du musst also wissen, ob du dich von dem Einkommen aus deinem Business allein über Wasser halten kannst, am besten sogar noch Geld übrighast, nachdem du alle Ausgaben und Kosten zum Leben abgedeckt hast. Dir sollte auch bewusst sein, dass dein Einkommen nicht jeden Monat gleich sein wird. Es wird immer mal schwanken und eventuell wirst du Monate haben, in denen du die Kosten nicht decken kannst. Am besten wäre es, wenn dein Einkommen aus deinem Business kontinuierlich ansteigt, aber das wird nicht immer so perfekt laufen. Ideal wäre es also, wenn du vorher ein wenig gespart hast und das Geld dann nutzen kannst, um nicht in Schulden zu geraten. Viele erfolgreiche Businessbetreiber empfehlen, stets Ersparnisse in Höhe von 3-6 Monaten zu haben, damit du im schlimmsten Fall trotzdem noch deine Rechnungen bezahlen kannst. Das Ganze beruht also auf einer sorgfältigen Planung.

Du solltest dir deshalb wenigstes einmal Gedanken über einen Backup-Plan machen. Irgendwann wird einfach mal etwas schieflaufen. Was tust du also, wenn eine Bestellung falsch zugestellt wird? Oder dein Computer abstürzt und nicht mehr funktioniert? Oder was passiert, wenn ein Zulieferer oder ein Partner von deinem Business sein eigenes Business schließen muss? In solchen Situationen ist es also sehr wichtig, vorbereitet zu sein.

Ich rate dir auch vor der Erstellung jedes neuen Produkts Marktforschung zu betreiben und dabei einen Blick auf deine Konkurrenz zu werfen.

Wie betreiben diese ihr Business, welche Produkte bieten diese an, wie ist die Nachfrage ihrer Kunden, wie hoch sind ihre Preise und was du sonst noch so herausfinden kannst. Wenn du mehr über deine Konkurrenz weißt, dann solltest du dir einmal Gedanken darüber machen, warum Kunden letztendlich dich wählen sollten und nicht deine Konkurrenten.

Eine große Hilfe bietet dir **SimiliarWeb.com** dabei! Dort kannst du die Webseiten deiner Konkurrenz eingeben und dir ihre Traffic-Quellen anzeigen lassen. Diese Daten geben dir dann Gewissheit darüber, wie gut sich dein neues Produkt verkaufen könnte und welche Traffic-Quellen du für dein Business nutzen kannst um Traffic (Besucher) für deine Seite zu generieren.

Frage dich auch, wie es mit deinen sozialen Netzwerken läuft. Bist du dort aktiv, hältst deine Kunden auf dem Laufenden und gewinnst stets neue Kunden dazu? Die sozialen Netzwerke sind in der heutigen Zeit sehr wichtig und werden stark genutzt, du solltest diese also auch für dein Business benutzen.

Hast du des Weiteren allen deinen Freunden und Kollegen von deinem Business erzählt? Haben diese einmal ihre Meinung dazu geäußert? Und erzählen sie ihren Freunden und Kollegen von deinem Business? Du solltest möglichst alle Wege ausschöpfen, um deinen Wirkungsgrad zu vergrößern, damit du mehr Leute und damit potenzielle Kunden erreichen kannst. Immerhin willst du ja allein von dem Einkommen aus deinem Online Business leben können.

Vielleicht ist es auch an der Zeit, ein paar Visitenkarten für dein Business drucken zu lassen. Solltest du dann mit Leuten ins Gespräch darüber kommen, kannst du ihnen ganz einfach eine Visitenkarte in die Hand drücken. Wenn sie wirklich an deinem Business interessiert sind, dann läufst du nicht Gefahr, dass sie deinen Namen vergessen und sich somit deine Produkte nicht anschauen können.

Es ist auch gut zu wissen, wie du mit Misserfolgen umgehst. Von den Denkweisen wissen wir schon, dass du nicht aufgeben solltest. Aber ist dir auch bewusst, dass Misserfolge ein Teil des Lebens und deines Wachstums sind? Es läuft nicht immer alles perfekt, noch nicht einmal nach Plan. Was tust du also in solchen Situationen? Leute, die Misserfolge als lehrreiche Erfahrung annehmen, werden viel weiter im Leben kommen als solche, die Misserfolge als etwas Schlechtes ansehen. Misserfolge sind auf jeden Fall nervig und manchmal kosten sie uns auch etwas, aber sie können mit der richtigen Einstellung auch unglaublich nützlich werden. Du kannst dadurch viel lernen und es mit Beharrlichkeit und Ausdauer weit bringen. Wenn Thomas Edison sofort nach einem Misserfolg aufgegeben hätte, dann hätten wir alle eventuell erst viel später von der Erfindung der Glühbirne profitiert. Edisons Versuche bei der Entwicklung sind sogar tausend Mal gescheitert, aber er hat die Misserfolge genutzt, um Verbesserungen vorzunehmen und hat es am Ende geschafft, eine funktionierende Glühbirne zu entwickeln.

„Soll ich dir die Formel für Erfolg verraten? Es ist wirklich einfach: Verdopple deine Fehlerrate. Du denkst vielleicht, dass Versagen das Gegenteil von Erfolg ist. Aber das stimmt nicht. Du kannst dich durch Fehler entmutigen lassen oder daraus lernen. Also mache Fehler. Mache so viele wie möglich. Denn so wirst du den Erfolg finden."

- Thomas J. Watson, Unternehmer (IBM)

Noch einmal kurz zusammengefasst, die folgenden Dinge sind wichtig und nützlich, wenn du ein eigenes Online Business führen möchtest und allein von dem Einkommen deines Business leben willst:

- Du brauchst ein Netzwerk (also eine Plattform für deine Produkte, so wie zum Beispiel eine Website, einen Blog oder die sozialen Netzwerke).
- Du brauchst Kunden, die dir ein halbwegs geregeltes Einkommen einbringen. Also nicht nur ein paar Kunden, die 5 Mal im Jahr etwas kaufen. Damit wirst du nicht genug verdienen können. Am besten hast du jeden Monat Kunden, die deine Produkte kaufen.
- Des Weiteren solltest du ein wenig Marktforschung betreiben und ein Auge auf deine Konkurrenz werfen, schauen was diese ihren Kunden anbieten, wie ihre Produkte aussehen und welche Traffic-Quellen sie beziehen.
- Und am besten ist es auch einen Backup-Plan zu haben, um zu wissen, welche Möglichkeiten dir im Notfall zur Verfügung stehen. Dabei solltest du vor allem auch ein wenig Geld zur Seite legen und immer ein paar Ersparnisse in der Hinterhand haben.

Wenn du also den Schritt wagst, und dein Online Business zu deiner einzigen Einnahmequelle machst, dann musst du schon ziemlich mutig sein, aber zur gleichen Zeit kannst du nicht töricht und unüberlegt handeln.

Wie kann ich ein Online Business aufbauen, wenn ich kein Geld habe?

Geld stellt für viele oftmals ein Problem oder zumindest eine Hürde dar. Wenn du also wirklich ein Online Business aufbauen möchtest, dann musst du Wege finden, um an Geld zu kommen. Wie gesagt, es ist nicht unglaublich teuer, aber ein wenig Geld musst du anfangs schon investieren. Im Prinzip kannst du bei dieser Frage ganz gut sehen, ob du die richtigen Denkweisen und Strategien für ein Online Business hast. Wir haben uns im ersten Schritt bereits damit beschäftigt und gesagt, die wichtigste Denkweise ist wahrscheinlich dein Einfallsreichtum. Außerdem braucht es jemanden, der hart arbeitet, nicht so leicht aufgibt und nicht auf seine eigenen Ausreden hört. Also jemanden, der in jeder Situation einen Weg oder eine Lösung findet.

Welchen Weg kann man also in dieser Situation finden? Du kannst dir für ein paar Monate einen Nebenjob suchen, um extra Geld zu verdienen. Das daraufhin verdiente Geld kannst du zur Seite legen und später für dein Business verwenden. Es wird harte Arbeit sein, darauf musst du dich einstellen. Falls du schon eine Arbeit hast, kannst du immer fragen, ob du mehr Stunden arbeiten kannst. Vielleicht gibt es noch etwas zu tun. Selbst wenn es nur 2 Stunden länger pro Woche sind, kannst du das extra Geld für dein Business verwenden. Vielleicht findest du auch etwas in deinen Ausgaben, auf das du für die nächsten paar Monate verzichten kannst. Finde Wege, um zum Beispiel beim Einkaufen zu sparen. Sei kreativ. Du kannst jeden Abend deine ganzen technischen Geräte für eine Stunde ausschalten und damit Stromkosten sparen. Vielleicht hast du ja ein paar Dinge, die du nicht unbedingt brauchst und verkaufen kannst – Ebay und der Facebook Marketplace sind dabei deine besten Anlaufstellen.

Vielleicht musst du auch ein paar radikale Wege gehen, und deinen Fernseher oder deine Spielkonsole verkaufen. Wie wichtig ist dir dein Business denn wirklich? Dir sollte bewusst sein, dass du mit großer Wahrscheinlichkeit ein paar Opfer bringen musst (also auf etwas verzichten musst), damit du in dein Online Business investieren und deine Träume verwirklichen kannst. Wenn das dein Problem ist, dann musst du dich selbst fragen, wie fest du dich eigentlich an dein Business binden willst. Hierbei kommen wir also wieder auf die Denkweisen zurück. Einfallsreichtum; harte Arbeit; nicht aufgeben, wenn es schwer ist.

Wie kann ich richtig mit meinem Geld umgehen?

Zieh bei deinen monatlichen Einnahmen mind. 10% ab und überweise diese auf ein separates Konto (z.B. ein Tagesgeldkonto). Nachdem du dir 3 Monatsgehälter als Puffer aufgebaut hast, kannst du den Rest für deine Investitionen verwenden. Die Investitionen in dein Online Business dienen dir zur Erschaffung von noch **MEHR** Geld. In unserer heutigen Zeit sind Investitionen in passive Einkommensquellen (egal ob online oder offline) die klügste Entscheidung überhaupt. Durch folgenden Kreislauf wirst du mit der Zeit immer größeren Reichtum anhäufen können:

Sparen – Investieren – Einnahmen generieren – Sparen / Re-Investieren – Einnahmen generieren – Sparen / Re-Investieren – Einnahmen generieren – etc.

Das und NUR das ist der Weg zu wahrer **Finanzieller Freiheit**.

„Doch wie soll ich mir 10% meines monatlichen Verdienstes zur Seite legen, wenn ich jetzt schon gerade so über die Runden komme?", fragst du dich jetzt vielleicht. Diese Frage haben sich die Schmiede, Bäcker, Handelsleute, Weber und Verkäufer in Babylon auch gefragt, als sie damit begonnen haben, von Arkad, dem reichsten Mann Babylons, die Geheimnisse seines Wohlstandes zu erlernen. Seine Antwort darauf war folgende:
„Einige verdienen viel mehr als andere. Einige haben viel größere Familien zu unterhalten. Und doch waren alle Börsen gleichermaßen leer. Nun will ich euch eine ungewöhnliche Wahrheit über Männer und die Söhne dieser Männer verraten: das, was wir als ***notwendige Ausgaben*** *bezeichnen, wird immer entsprechend unserem* ***Einkommen wachsen****, sofern wir uns das und nicht etwas anderes vornehmen."*
(Zitat aus „Der Reichste Mann von Babylon", Seite 49)

Nach der weiteren Lektüre dieses Buches wurde mir die Antwort schnell bewusst: Sobald du anfängst dich dazu zu zwingen, monatlich mit weniger Geld auszukommen, als vorher. Du dir deine Ausgaben somit bewusst machst, und dadurch spielend einfach mit deinem übriggebliebenen Verdienst auskommen kannst. **Problemlos!** Bei den meisten Menschen, die damit nicht klarkommen, liegt das Problem im Konsumverhalten:

Mehr Geld führt bei den meisten Menschen automatisch zu **mehr Ausgaben.**

Zu denken, dass man mehr Geld zur Verfügung hat, dadurch glücklicher ist und automatisch besser mit seinem Vermögen umgehen kann, ist ein Trugschluss. Je mehr du verdienst, desto höher werden deine Standards und somit deine Ausgaben werden. Ohne zu sparen, zu investieren und zu re-investieren (in Einkommens-erschaffende Vermögenswerte), wirst du dein Geld nur für sinnlose Verbindlichkeiten ausgeben. In Dinge, die dir Geld aus der Tasche ziehen, anstatt diese zu füllen.

Für weitere Informationen zum Thema Geld empfehle ich dir unbedingt das bereits erwähnte Buch **„Der reichste Mann von Babylon“** und so ziemlich alle Bücher der **„Rich dad poor dad“**-Reihe.

Wann kann ich mit Resultaten rechnen?

Das ist relativ schwer zu sagen. Es hängt ganz von deinem Business ab, welche Nische du ausgewählt hast, die Qualität deiner Produkte und ganz allgemein gesagt, wie du dein Business aufbaust und wie viel Arbeit und Zeit du in dein Business investierst. Manche brauchen ein paar Monate für die ersten Schritte und werden deshalb so früh noch keine Resultate erzielen. Wenn du schon ein wenig mehr Erfahrung in dem ganzen Bereich hast, kannst du deine Marke und dein Business eventuell innerhalb weniger Monate aufbauen und schneller Geld verdienen. Es kommt auch darauf an, wie viel Zeit und Energie du in den Aufbau deines Business steckst. Du wirst mit großer Wahrscheinlichkeit keine sofortigen Resultate sehen. Es wird schon ein wenig Zeit in Anspruch nehmen. Wenn du einen Samen pflanzt, dann wird nicht sofort eine Pflanze daraus wachsen. Genauso wird es auch mit deinem Business sein. Falls du nach einem Weg suchst, um möglichst *schnell* Geld zu verdienen, dann such dir einen stinknormalen Job. Dort wirst du meist innerhalb von nur einem Monat bereits für deine Tätigkeiten bezahlt werden. In einem Online Business dauert es nun einmal erst einige Wochen bis hin zu Monaten, bevor du die ersten Früchte ernten kannst. Denn in deinem Online Business wirst du nicht nach den Stunden bezahlt werden, die du gearbeitet hast, sondern viel mehr gemessen an deinem Inhalt, Produkt oder der Dienstleistung und der Qualität, die du veröffentlichst.

Wie lange dauert es also, bis ich mein investiertes Geld zurückbekomme?

Das liegt wirklich ganz allein bei dir. Erst einmal liegt es daran, wie viel Geld du am Anfang investiert hast. Wenn du nur für die Website bezahlst, dann kannst du das Geld natürlich schneller wieder reinbekommen, als wenn du zahlreiche Kurse besucht und Bücher gekauft hast. Und dann liegt es auch daran, wie du die gelernten Schritte umsetzt und die verschiedenen Strategien und Möglichkeiten anwenden und nutzen wirst. Das Ganze hängt auch davon ab, ob du ein Anfänger bist oder schon ein wenig Erfahrung in diesem Bereich hast. Falls du ein Anfänger bist und ganz am Anfang stehst, dann wird es bei dir wahrscheinlich etwas länger dauern, weil du erst einmal viel mehr lernen musst. Du musst dabei auch berücksichtigen, wie viel Zeit du in den Aufbau deines Business investierst. Je mehr Zeit du investierst, umso schneller kannst du auch mit Resultaten rechnen.

Muss ich mein Online Business offiziell als ein Business anmelden?

Kurz gesagt: ja, in jedem Fall. Dein Online Business muss angemeldet sein, sobald du damit Geld verdienst, damit du keinen Steuerbetrug begehst. Du kannst jedoch auch erst einmal dein Business aufbauen und es anmelden, sobald du wirklich damit Geld verdienst, da du dein Business in der Anfangsphase ja erst einmal aufbauen musst.

Genauso habe ich es zu Beginn auch getan. Sobald du pro Jahr mehr als 430 € Umsatz machst, wirst du für deine Tätigkeit ein Gewerbe anmelden **müssen**. Und deine Einnahmen in Form einer Steuererklärung jedes Jahr bis zum Monat Mai versteuern müssen. Dabei reicht eine einfache Kosten-Ausgaben-Gegenüberstellung, auch EÜR genannt, völlig aus.

Für genauere Informationen kannst du dich beim Finanzamt kostenlos beraten lassen. Dieses ist nämlich dazu *verpflichtet,* dir eine Auskunft zu geben.

Wie macht man das genau, und was kostet es?
Entweder gibst du in der Google-Suche die Begriffe „Gewerbeanmeldung Formular (deine Stadt)" ein und lädst dir das Formular als PDF runter, druckst es aus, füllst es aus und schickst es an dein zuständiges Finanzamt. Oder du holst dir das Formular beim nächstgelegenen Rathaus oder Finanzamt ab. Die Kosten belaufen sich dabei einmalig auf ca. 25-30 €.

*(Bei weiteren Fragen empfehle ich dir einen Steuerberater zu Rate zu ziehen, und gemeinsam mit ihm zu prüfen, ob du ein **Gewerbe** oder ein **Kleinunternehmen** anmelden solltest.)*

Während der ersten paar Schritte wirst du sicherlich noch kein Geld verdienen und auch danach dauert es noch ein wenig bis du wirklich regelmäßig gutes Geld verdienst. Du kannst zunächst auch überlegen, ob du **freiberuflich** anfangen kannst und dein Online Business erst als ein Unternehmen anmeldest, wenn du kontinuierlich Geld damit verdienst. In jedem Fall musst du jedoch eine Steuerklärung abgeben und Steuern bezahlen. Solltest du das nicht tun, und jemand findet das heraus, dann kann das schwerwiegende Konsequenzen für dich und dein Business haben. Mach es von Anfang an richtig, auch wenn das mehr Aufwand bedeutet. Im Nachhinein wirst du dankbar dafür sein.

Muss ich ein Impressum führen?

Unbedingt! In Deutschland, Österreich und der Schweiz besteht Impressumspflicht. Eine Pflicht, die von dir als Blogger, YouTuber, Podcaster, Autor und Online-Unternehmer verlangt, ein Impressum zu führen. Vergiss also niemals dein Impressum einzufügen. Als Einzelperson bedeutet das, dass du deinen vollen Namen und deine Adresse preisgeben musst. Manchen Leuten bereitet allein diese Vorstellung eine große Angst, doch kann ich dir versichern, dass diese Angst in den meisten Fällen völlig unbegründet ist. Ein fehlerhaft geführtes Impressum kann jedoch zu **Abmahnungen und Bußgeld** führen.

Welche weiteren Ratschläge könnten mir noch helfen?

1. Wenn du in etwas investieren willst, dann solltest du zuerst in dich **selbst** investieren. Das kann durch Seminare und Kurse geschehen. Versuche einen Mentor zu finden, viele Fragen zu stellen und viele Bücher zu lesen. Versuche auch zu jeder gegebenen Zeit etwas Neues zu lernen oder dich in einem Bereich weiterzuentwickeln. Versuche darüber hinaus alles, was du lernst, so schnell wie nur möglich anzuwenden (am besten **sofort**), anstatt dir noch weiteres Wissen anzueignen und dich damit in einer Spirale des Lernens (bzw. in diesem Fall des Konsumierens) festzubeißen – statt in einer Spirale des *Tun's* zu stecken.

2. Uns allen bieten sich viele Gelegenheiten in unserem Leben, aber ganz oft nutzen wir diese nicht. Versuche möglichst viele Gelegenheiten in deinem eigenen Leben zu ergreifen. Arbeite hart an deinen Träumen und Zielen. Binde dich an diese und gib nicht gleich bei jeder Kleinigkeit auf. Das wird dich im Leben nicht weit bringen. Du musst dir bewusst sein, dass du hin und wieder immer mal ein paar Opfer bringen musst.

Sei es deine Zeit, etwas Geld oder dass du einfach nur auf etwas verzichten musst, um etwas anderes erreichen zu können. Manchmal musst du eben einfach mal „nein" zu einigen Dingen sagen, um etwas Anderes und Besseres zu erreichen, oder einfach nur, um an deinem Business arbeiten zu können. Das kann zum Beispiel die Zeit mit deinen Freunden sein, ein wenig Schlaf oder Ähnliches.

3. Gib mehr von deinem Geld an andere. Sei großzügig und sei nicht von deinem Geld eingenommen oder abhängig. Es ist einfach, nichts zu geben, wenn man selbst nicht viel hat. Aber es geht hierbei nicht einmal um die Summe und wie viel man gibt. Es geht vielmehr um die Handlung des Gebens, und dass diese zu einer Gewohnheit wird. Es wird dich in einer gewissen Art und Weise von deiner Knappheit befreien. Nicht, dass du dadurch mehr Geld erhältst, aber deine Perspektive wird sich mit der Zeit verändern. Wenn dir dein Geld so wichtig ist und du alles für dich allein behältst, dann wirst du früher oder später davon abhängig sein. Irgendwann kommst du an einen Punkt, an dem du so abhängig von deinem Geld und so davon eingenommen bist, dass du Angst hast, es zu verlieren. So lange du mit geschlossenen Hände durch die Welt gehst, wirst du nicht viel erreichen. Wenn du aber deine Hände offenhältst und weißt, dass du dein Geld eventuell verlieren kannst und diese Tatsache für dich in Ordnung ist, dann wirst du im Leben viel mehr erreichen können und dich befreiter fühlen. *(Natürlich wird es trotzdem noch ärgerlich sein, wenn du wirklich dein Geld verlieren solltest. Aber wenn du es wenigstens halbwegs akzeptieren kannst, dann wird es dich nicht total zerstören, und du wirst sicherlich schneller wieder auf die Beine kommen.)*

4. Versuche keine Abkürzungen zu finden, um *schneller* an Geld zu kommen, sondern befolge und respektiere alle Schritte und baue deine Marke und Produkte mit guter Qualität auf. Die Qualität ist sehr wichtig und kann sowohl im besten als auch im schlimmsten Fall über deinen Erfolg entscheiden.

Sollte ich mich auf eine Micro-Nische oder eine größere Nische konzentrieren?

Am besten ist es, sich auf eine größere Nische zu konzentrieren. Du kannst immer noch über die Themen einer Micro-Nische schreiben, sofern diese mit dem Thema der größeren Nische übereinstimmen. Der Vorteil einer größeren Nische ist jedoch, dass man dich viel schneller finden kann, so beispielsweise bei Google. Du kannst also viel mehr Leute erreichen, die später dann eventuell zu deinem Publikum werden. Sollte deine Nische sehr klein und spezifisch sein, dann ist es meist schwieriger ein relativ großes Publikum zu bekommen. Angenommen du willst einen Blog über vegane Ernährung schreiben, dann ist es besser für dich deine Nische als vegane Ernährung anzupreisen. Solltest du für deine Nische nur den Begriff Ernährung wählen, dann ist das zu groß und zu allgemein. Du solltest aber auch nicht sagen, deine Nische umfasst vegane Ernährung für Frauen im Alter von 20-30 Jahren. Das ist dann im Gegensatz dazu viel zu spezifisch, einschränkend und zu klein. Versuche also nicht allzu allgemein zu sein, aber auch nicht zu spezifisch zu werden. Ist *tricky*, ich weiß.

Was sind extra Tipps, um mehr Traffic für mein Online Business zu bekommen?

Generell ist es sehr wichtig, eventuell sogar das Wichtigste, dass du aktiv bist. Du kannst nicht einfach nur **hoffen**, dass Leute auf deine Website oder deine sozialen Netzwerke stoßen. Darauf kannst du nämlich lange warten. Von nichts kommt nichts. Um mehr Traffic für deine Website, deinen Blog oder deine sozialen Netzwerke zu bekommen, musst du also etwas dafür tun.

Am besten suchst du dir ein paar andere Blogs oder Profile bei den sozialen Netzwerken, die entweder in der gleichen Nische wie du operieren oder wenigstens eine ähnliche Nische bedienen. Genau dann solltest du aktiv werden und Kommentare schreiben und Bilder oder Artikel liken. Es geht hier nicht unbedingt darum, dass du deren Publikum stielst, aber du kannst deren Publikum auf dein eigenes Business aufmerksam machen. Außerdem weißt du in diesem Fall auch, dass die Leute zu deinem Publikum passen würden. Wenn du zum Beispiel einen Blog über die neuesten Modetrends betreiben willst und auf ähnlichen Blogs vorbeischaust und aktiv bist, dann ist das ein großer Vorteil, um das richtige Publikum für deinen Blog zu erhalten. In diesem Beispiel würdest du aber nicht unbedingt aktiv auf den Seiten für „Jagen und Outdoor Aktivitäten“ sein, weil sich diese eher an Männer mittleren Alters wenden und diese sicherlich nicht an den neuesten Modetrends interessiert sind. Demnach passen diese Leute wohl eher nicht in deine Nische und somit auch nicht unbedingt zu deinem Publikum bzw. deiner Zielgruppe.

Du kannst auch ein Mitglied in einer oder mehreren Facebook Gruppen werden, welche sich um dein Thema drehen und wo die Mitglieder gut zu deinem Publikum passen würden. Auch da solltest du wieder aktiv sein, sodass die Leute auf dein Profil stoßen können.

Achte auch immer darauf, dass du mehr auf die Qualität deines Inhaltes setzt als auf die Quantität. Es ist auch gut für dein Business, wenn du dein Online Business mit einer gewissen Autorität führst. Dazu gehört, dass du einen sinnvollen und hilfreichen Inhalt für dein Publikum bereitstellst. Dadurch kannst du schneller ihr Vertrauen gewinnen und wirst bessere Chancen haben, dass diese auch für deine Produkte und deinen Inhalt bezahlen. Dabei solltest du konsequent sein und regelmäßig Inhalte erschaffen.

Es kann dir helfen, wenn du eine Strategie für deine Inhaltserstellung entwickelst. Im Prinzip kann das ganz einfach nur ein Plan sein, der besagt, wann du welche Artikel und Inhalte veröffentlichen willst und wann Produkte fertig sein müssen. Sei organisiert in dieser Hinsicht und nimm es **ernst**. Es wird nicht gut für dein Online Business sein, wenn du immer nur dann etwas Neues postest, wenn du dich gerade danach fühlst. Dann wirst du nämlich nicht regelmäßig Inhalte bereitstellen und eventuell sogar dein Publikum verlieren. Genauso wie echte Beziehungen interaktiv sein müssen, damit diese gut und auf lange Sicht hin funktionieren können, so sollte es im besten Fall auch mit deiner Beziehung zu deinem Publikum sein.

Es gibt auch immer die Möglichkeit auf anderen Blogs oder in den sozialen Netzwerken Gastbeiträge zu veröffentlichen. Das funktioniert in den meisten Fällen aber auch nur, wenn du vorher schon mal auf dem Blog aktiv warst und eine Beziehung zu den Verfassern hast. Meistens musst du auch schon in einem gewissen Maße bekannt sein und einen eigenen Blog haben, der gut läuft. Bei Interesse an Gastbeiträgen kannst du ja einfach mal ein paar Blogger anschreiben und fragen, ob das möglich ist. Suche dir hierbei aber auch wieder Blogs aus, die deiner Nische und deinem Thema ähnlich sind und gut zu deinem eigenen Business passen.

Und die etwas mehr Erfahrenen unter uns können sich zusätzlich mit dem Thema **SEO** beschäftigen. Das ist die **S**earch **E**ngine **O**ptimierung. Und zwar sollten deine Schlüsselworte einen möglichst hohen Stand bei den Suchmaschinen wie zum Beispiel Google haben. Wenn du einen relativ hohen Stand hast, können dich Leute einfacher finden, wenn sie nach den Schlüsselwörtern suchen. Hierfür werden dir die Tools *„**Google Trends**, **Google Ads Keyword Planner*** und ***Keywords Everywhere**“* weiterhelfen können.

Muss ich alle Schritte der Pyramide beachten, wenn ich meine Produkte nur auf Amazon verkaufen will?

Da alles miteinander zusammenhängt, wäre es wirklich gut für dich, wenn du trotzdem alle Schritte beachtest. Das heißt also, auch in diesem Fall einen Namen für deine Marke bzw. dein Business zu finden und am besten auch die sozialen Netzwerke zu nutzen. Diese stehen dir zur kostenlosen Verfügung, warum also solltest du diese nicht auch nutzen?! Oder wie willst du sonst Kunden auf dein Produkt aufmerksam machen und ihr Vertrauen gewinnen, damit diese deine Produkte auch kaufen? Außerdem ist es nicht gut für dein Business, wenn du nur von einer Einnahmequelle abhängig bist. Wir haben es vorher schon einmal angesprochen – was tust du, wenn Amazon die Nutzerbedingungen oder andere relevante Konditionen und Funktionen ändert? Oder ganz unvorhergesehen das gesamte Business nicht mehr betreiben kann? Das wäre sehr schlecht für dich, weil auch dein Business in diesem Fall einen gewissen Schaden davontragen wird und im schlimmsten Fall sogar zusammenbricht. Siehe zu, dass du also dennoch über andere Wege dein Publikum aufbauen und für deine Produkte werben kannst. Das Verkaufen über Amazon kann ruhig deine Haupteinnahmequelle werden, aber du solltest trotzdem noch andere Quellen haben.

Sollte ich mir einen Mentor suchen?

Einen Mentor zu haben ist nicht zwingend notwendig, aber es wäre extrem hilfreich für dich. Vor allem für Anfänger, die noch nicht so viel über das Thema wissen. Ein Mentor kann insbesondere auch dann helfen, wenn man sein eigenes Online Business aufbauen will, aber ein wenig ängstlich ist oder nicht genau weiß, wie man vorgehen sollte. Ein solcher Mentor kann dir mit Rat und Tat zur Seite stehen und dir unter die Arme greifen. Im Prinzip kannst du mit der Hilfe eines Mentors den ganzen Prozess auch um einiges beschleunigen. Während es dich vielleicht Wochen kosten würde, um die einzelnen Schritte Stück für Stück zu erlernen und anzuwenden, kann dir ein Mentor dabei helfen, einen Großteil dessen innerhalb von nur ein paar Stunden zu lernen. Wenn dir also ein Mentor zur Verfügung steht, dann empfehle ich dir, diesen auch zu nutzen. Und wenn dir keiner zur Verfügung steht, dann ist das auch okay. Es ist dir trotzdem möglich, ein gutes Online Business aufzubauen, mit dem du erfolgreich sein kannst. Es wird dann nur eben etwas länger dauern.

Gibt es eine Möglichkeit, Erfahrungen für mein Online Business zu sammeln, bevor ich mein eigenes Business betreibe?

Erfahrungen zu sammeln ist immer gut, vor allem wenn du den Schritt wagen und dein eigenes Online Business betreiben willst. Es gibt verschiedene Möglichkeiten Erfahrungen zu sammeln.

Es ist ein wenig davon abhängig, in welche Richtung du mit deinem Business gehen willst und was du schon weißt. Du kannst ganz einfach Erfahrungen sammeln, indem du mit anderen Businessbetreibern sprichst und diese nach Tipps fragst. Tritt dafür Facebook Gruppen bei, in denen sich Gleichgesinnte tummeln, oder besuche Veranstaltungen, bei denen du Gleichgesinnte finden kannst. Es kann auch helfen, ein Auge auf deren Business zu werfen und zu schauen, wie sie in verschiedenen Situationen arbeiten und verschiedene Projekte angehen. Wie gesagt, ein Mentor kann dir auch in diesen Bereichen extrem hilfreich sein. Du kannst dich auch einfach intensiv mit dem Thema beschäftigen, ganz allgemein in Hinsicht auf den Aufbau und die Betreibung eines Business oder auch spezifischer, je nachdem um was es sich bei deinem Business handelt oder was du gerne erlernen willst. Das kann zum Beispiel durch Bücher oder Kurse geschehen. Vielleicht findest du aber auch eine neue Arbeit, die in irgendeiner Weise mit deiner Businessidee zu tun hat. Angenommen du willst einen Blog betreiben, dann kannst du nach Jobs suchen, in denen du viel schreiben musst. Oder, wenn du einen YouTube Kanal oder einen Podcast führen möchtest, dann kannst du einen Job suchen, bei dem du dich um die Aufnahmen kümmerst und lernst, diese zu schneiden. Vielleicht findest du ja sogar online oder freiberuflich einen Job, dann kannst du gleichzeitig mehr über die Zeiteinteilung lernen und sehen, ob du gut von zu Hause aus arbeiten kannst. Dafür empfehle ich dir hier auch wieder *fiverr.com* und *upwork.com*. Somit kannst du Erfahrungen sammeln und deine Kenntnisse erweitern und verbessern, während du nebenbei an deinem Online Business arbeitest. Und die gelernten Kenntnisse kannst du später dann immer noch anwenden, wenn du dein eigenes Business betreibst.

Was kann ich tun, wenn ich einmal keine Ideen mehr habe und nicht mehr weiterweiß?

Du wirst sicherlich irgendwann einmal an einen Punkt kommen, an dem du wirklich nicht mehr weiterweißt. Vielleicht hast du alle deine Ideen ausgeschöpft und es fällt dir schwer, einen Plan für den nächsten Monat zu erstellen. *(Hierbei reden wir von einem Plan, bei dem du deine Inhalte planst. Also aufschreibst, wann du was veröffentlichen willst.)* Vielleicht bist du aber auch einfach an einem Punkt angekommen, wo dir die Motivation fehlt. Zu allererst einmal: Entspann dich. Wenn du dir zu viel Sorgen und unnötigen Stress machst, wird dich das überhaupt nicht weiterbringen. Wahrscheinlich erreichst du damit noch genau das Gegenteil. Vielleicht brauchst du ja einfach mal eine kleine Pause.

Das ist auch vollkommen in Ordnung, du solltest nur darauf achten, dass dies nicht zu lange andauert. Oder du kannst jemanden in dieser Zeit beauftragen, der sich für dich um deine sozialen Netzwerke und deine Website kümmert oder Artikel für deinen Blog schreibt. Vielleicht veröffentlichst du aber auch für ein paar Wochen einfach nur Gastbeiträge, damit du selbst keine Artikel schreiben musst. Wenn du einen Mentor hast oder dir dein Partner bzw. deine Freunde bis jetzt geholfen haben, dann kannst du auch diese nach Ideen fragen. Oder du fragst ganz einfach dein Publikum, was es sich wünscht. Vielleicht musst du dich aber auch voll und ganz für einen Tag oder ein ganzes Wochenende deinem Business hingeben. Gemeint ist, dass du dich wirklich nur um dein Business kümmerst und dir nur darüber Gedanken machst. Wahrscheinlich wird es hilfreicher sein, wenn du auch einmal deine Umgebung wechselst. Vielleicht kannst du ja einen Tag in einem Café verbringen oder aber ein ganzes Wochenende in einem Hotel. Bring wirklich nur die Sachen mit, die du brauchst und die mit deinem Business zu tun haben.

Dadurch wirst du nämlich gewissermaßen gezwungen, an deinem Business zu arbeiten. Vielleicht fallen dir allein durch den Wechsel der Umgebung bereits neue und frische Ideen ein. Das kann dir auch guttun, wenn du das zu einer Gewohnheit machst. Wenn du dich dann nämlich einen ganzen Tag wirklich nur auf dein Business konzentrierst, kannst du viel mehr schaffen. Vielleicht kannst du dadurch auch alle deine Artikel (oder andere Inhalte) für den gesamten Monat vorbereiten und musst somit später nicht mehr so viel arbeiten.

Wie wichtig sind meine Designs und Schriftarten wirklich?

Man kann schon sagen, dass diese relativ wichtig sind. Sollte deine Website total unübersichtlich sein, wird es für deine Leser schwer sein, sich zurechtzufinden. Oder sie werden deine Website einfach nicht mehr besuchen. Dein Design, vor allem das Design deiner Produkte, ist dabei meist viel wichtiger, als deine Schriftart. Bei der Schriftart solltest du nur darauf achten, dass diese gut leserlich und nicht zu klein ist. Das Design deiner Produkte ist sehr wichtig, weil Leute immer darauf achten werden. Es ist das erste was ihnen auffällt und manchmal entscheiden sie einzig aus diesem Grund, ob sie sich das Produkt anschauen wollen oder nicht. Sollten potenzielle Kunden deine Produkte nur ignorieren, weil dein Design nicht ansprechend genug ist, dann wäre das sehr schade. Außerdem sind heutzutage so viele Produkte und Informationen im Umlauf, dass dein Produkt schnell in der Masse untergehen kann. Das Design ist also deine erste Möglichkeit, um mit deinem Produkt die Aufmerksamkeit der Leute zu gewinnen. Das Ganze geschieht sogar noch bevor du sie mit deiner Qualität überzeugen kannst. Mach dir also ein paar Gedanken über deine Designs und achte darauf, dass diese möglichst ansprechend sind und gleichzeitig auch vielversprechend wirken.

Wie offen sollte ich mit meinem Publikum sein? (Auf die Privatsphäre bezogen)

Das musst du leider ganz für dich selbst entscheiden. Während manche nicht einmal ihren echten Namen benutzen, geben andere sogar ihre Adresse und Telefonnummer an. Es ist zudem auch stark abhängig von deinem Business, aber vor allem am Anfang ist es ratsam, nur das Nötigste anzugeben. Falls du später an einen Punkt kommst, wo du deine Telefonnummer gerne angeben willst oder musst, dann kannst du das immer noch tun. Dafür kannst du dir auch ganz einfach eine neue Prepaid-Karte zu legen und in ein altes oder Dual-SIM-fähiges Handy stecken. Aber am Anfang wird diese sicherlich noch keiner brauchen. Der Fall ist jedoch ein wenig anders, wenn sich dein Business um Dienstleistungen dreht. Vielleicht hilft es dir ja einmal darüber nachzudenken, was du alles mit einer Person teilen würdest, die du gerade erst getroffen hast. Wenn du aber zum Beispiel einen Blog hast, dann kann es dir sehr zum Vorteil sein, wenn du ein wenig offener bist und ein paar deiner Erfahrungen mit deinem Publikum teilst. Das ist auch der Fall, wenn sich dein Business generell um deine Erfahrungen dreht.

Wie soll ich mit negativen Kommentaren umgehen?

So wie es verschiedene Arten von negativen Kommentaren gibt, gibt es demnach eben auch verschiedene Wege mit diesen umzugehen. Zu allererst musst du einmal herausfinden, welche Art von negativen Kommentaren du erhältst. Sind es negative Kommentare von einer Person, die dich einfach nicht mag und nicht mit deinen Entscheidungen zufrieden ist? Lerne damit umzugehen.

Du wirst nämlich nicht jeden Menschen glücklich machen müssen, der mit deinem Business in Kontakt kommt. Falls die negativen Kommentare von Kunden sind, die aus welchem Grund auch immer ein Problem mit dem Produkt haben, solltest du prüfen, ob wirklich ein Problem mit dem gelieferten Produkt besteht. Falls ja, dann können die negativen Kommentare in diesem Fall manchmal sogar gerechtfertigt sein. Auch wenn diese sich schlecht auf dein Business auswirken können, können sie dir andererseits auch eine Hilfe sein, um dein Online Business oder deine Produkte zu verbessern – betrachte sie also als **Feedback**. Achte genau darauf, über was sich deine Kunden beschweren, und versuche an diesen Dingen zu arbeiten und die Probleme zu lösen. Es kann auch hilfreich sein, wenn du die Personen, die sich beschweren, persönlich anschreibst und nach einer genaueren Stellungnahme und Beschreibung des Problems bittest, und anschließend zusammen mit ihnen eine Lösung findest. Wir als Menschen wollen gerne gepriesen werden für das, was wir tun, und Kritik kann daher sehr schmerzlich sein. Dabei kann uns Kritik aber auch helfen besser zu werden, wenn sie richtig angenommen wird.

Sollte jemand einfach nur gemein zu dir sein, ohne jeglichen Grund, dann kannst du versuchen, mit dieser Person zu reden. Sollte er oder sie online in Form von Kommentaren gemein zu dir sein, dann gilt hier eine goldene Regel: IGNORIERE SIE! Hass oder Neid, der dir gegenüber auf diese Art und Weise entgegengebracht wird, entfaltet seine Wirkung erst, wenn er durch das Beantworten *Aufmerksamkeit* bekommt. Sollte es ganz schlimm sein und immer wieder passieren, dann musst du diese Person eventuell blockieren, damit sie deinem Business nicht schaden kann.

Solche Kommentare, die auch Hass-Kommentare genannt werden, belächle ich persönlich meist. Ich selbst würde niemals auf die Idee kommen, mir die MÜHE zu machen, irgendwo einen Kommentar zu hinterlassen, der Hass oder Neid ausdrückt. Persönlich bin ich zu beschäftigt mit meinem eigenen Kram und lebe zudem kein Leben in Negativität, sodass ich es nötig hätte, solche Kommentare zu posten. Wenn du auf solche Kommentare stößt, dann lass dich nicht von ihnen reizen, sondern erkenne sie als das an, was sie sind: Ein Versuch, dich runter auf das Niveau der Person zu ziehen, die den Kommentar hinterlassen hat.

Ist es ratsam, mit der Zeit ein ganzes Team einzustellen?

Wenn dein Business gut läuft und immer weiterwächst, dann ist das durchaus sehr ratsam. Sobald dein Business sehr groß ist, wird es umso schwieriger für dich sein, alle Bereiche selbst abzudecken. Wenn du alles allein machst, dann wirst du sicherlich sehr wenig freie Zeit haben und eventuell wird es Bereiche geben, die ein wenig vernachlässigt werden. Sollte dein Business gut laufen, dann sollte es finanziell für dich kein Problem sein, ein paar Helfer einzustellen. Das kann ganz leicht einer nach dem anderen sein, je nachdem wie der Bedarf in deinem Business ist. Aber es wird dir helfen, mehr freie Zeit zu haben, und du kannst dich auf nur ein oder zwei Bereiche im Business konzentrieren und weißt dennoch, dass sich um alles gekümmert wird.

Du musst deine Mitarbeiter allerdings nicht im Sinne von: „Ich miete jetzt ein Gebäude und stelle Mitarbeiter ein" einstellen. Nutze dafür zu Beginn einfach ein oder mehrere Virtuelle Assistenten, welche dir bei der Erfüllung verschiedener Aufgaben helfen können – sollte sich deine Arbeit anhäufen.

Vielleicht überlässt du ihnen die ganzen Beiträge auf deinen sozialen Netzwerken oder sie helfen dir dabei, Artikel oder E-Mail Newsletter zu schreiben. Das kann dir zum Vorteil werden, weil du dich dann auf die wichtigeren Dinge konzentrieren kannst. Solche Assistenten findest du z.B. auf *fiverr.com*. Durch das Abgeben solcher Aufgaben kannst du deine Zeit effizienter nutzen, um deine Marke und dein Business zu optimieren und neue Einnahmequellen zu finden und aufzubauen. Es wird dir also bei deinem Wachstum helfen und gibt dir ein wenig mehr Freiheit, vielleicht sogar auch ein wenig mehr freie Zeit. Wer weiß, vielleicht läuft dein Business auch so gut, dass du ein ganzes Team aufbaust, weil du dich gar nicht mehr allein um alles kümmern kannst. Dafür muss dein Business aber wirklich gut laufen und viel Geld einbringen, weil du deine Angestellten dann eben auch für ihre Arbeit bezahlen musst.

Bonus: Wie dir eine gute Zeiteinteilung bei deinem Erfolg helfen wird

Wenn du wirklich erfolgreich mit deinem Online Business sein willst, dann ist eine gute Zeiteinteilung dafür **sehr** wichtig. Diese wird dir helfen, möglichst viel zu erreichen und Projekte schnell abschließen zu können. Das ist wichtig, damit du an deinem Business arbeiten kannst und trotzdem noch Zeit für andere Dinge hast. Einer der Gründe, um ein eigenes Business aufzubauen, war ja vielleicht mehr Zeit mit deiner Familie zu haben. Dann wäre es wirklich schade, wenn du trotzdem noch jeden Nachmittag und Abend beschäftigt bist, nur um Termine einhalten zu können und alles pünktlich zu veröffentlichen. Damit ist dir und deiner Familie wenig geholfen. Wenn du ein wenig mehr über deine Zeiteinteilung lernst, dann kannst du die dir zur Verfügung stehende Zeit hoffentlich besser einteilen und lernen, wie du effizienter arbeiten kannst.

Ein häufiger Fehler ist es, möglichst viele verschiedene Aufgaben zur gleichen Zeit zu tun. Auch bekannt als Multitasking. Dabei denkt man, dass man effizient arbeitet und viel mehr schafft, aber in Wirklichkeit ist genau das Gegenteil der Fall. Man wird stattdessen viel leichter abgelenkt und kann sich weniger auf **eine** Aufgabe konzentrieren. Wenn du deine verschiedenen Projekte Schritt für Schritt abarbeitest und dir deine Arbeiten aufteilst, dann kannst du dich ganz entspannt auf nur eine Arbeit konzentrieren. Ansonsten kann es nämlich auch sehr leicht passieren, dass du von all den Informationen überfordert bist und eventuell sogar verschiedene Themen und Aufgaben miteinander vermischst oder durcheinanderbringst. Es ist einfach nicht realistisch, sich voll und ganz auf jede einzelne Aufgabe konzentrieren zu können und sein Bestes zu geben, wenn man sich um so viele verschiedene Aufgaben zur gleichen Zeit kümmert. Es ist zwar immer die Rede von Multitasking und wie gut das doch ist, aber oft kann es auch einfach falsch angewendet werden und sich dadurch negativ auf die Arbeiten auswirken. Das heißt jedoch nicht, dass es nicht durchaus auch mal vorkommt, dass du an 2 oder 3 Projekten zur gleichen Zeit arbeiten musst. Manchmal lässt es sich eben nicht anders regeln.

Uns allen stehen jedoch nur eine begrenzte Anzahl an Stunden pro Tag zu, nämlich genau 24 Stunden. Hast du einen geregelten Vollzeitjob, weil du noch nicht allein von deinem Online Business leben kannst, dann verlierst du schon mal 8 Stunden pro Tag, die du ansonsten in dein Online Business stecken könntest. Hinzu kommen noch dein Arbeitsweg, deine Mahlzeiten und ein paar Stunden für Schlaf. Dann bleiben nicht mehr allzu viele Stunden pro Tag übrig.

Es ist also wichtig zu sehen, was genau du mit den restlichen Stunden anfängst und wie du deine Zeit einteilst. Manchmal musst du deswegen vielleicht auf etwas verzichten. Eventuell kannst du dich für eine gewisse Zeit nicht mehr so oft mit deinen Freunden treffen oder du wirst weniger schlafen können.

Solche kleinen Opfer musst du manchmal durchaus bereit sein zu bringen, damit du Zeit hast, um an deinem Online Business arbeiten zu können. Das sollte jedoch nur vorrübergehend der Fall sein. Also nur kurzfristig, bis dein Business halbwegs gut läuft oder du gelernt hast, dir deine Zeit gut einzuteilen. Sei dir dessen bewusst und frag dich einmal, ob du bereit bist, diese Opfer zu bringen. Wenn du die Idee von deinem Business wirklich ernst nimmst, dann wird sich damit auch dein Leben verändern. Immerhin versuchst du ja von deinem normalen Job loszukommen. Du wirst mit der Zeit also von einem normalen Arbeiter zu einem Geschäftsinhaber und damit in gewisser Weise auch zu einem Manager, vor allem wenn du später Leute einstellst, die dir bei den verschiedensten Aufgaben helfen.

Wenn du also nun mehr freie Zeit hast, dann musst du dennoch zusehen, dass du diese auch effektiv für dein Business nutzt. Vielleicht brauchst du viel zu lange, um einen Artikel zu schreiben, weil du nebenbei immer wieder Nachrichten oder E-Mails bekommst oder durch etwas anderes abgelenkt wirst. In diesem Fall musst du dann einfach hart mit dir selbst sein und ein wenig Disziplin aufbringen, um dir mit der Zeit anzugewöhnen, effizient zu arbeiten, damit du deine Aufgaben schneller erfüllen kannst und dadurch mehr schaffst. Stell dir einen Timer. Seien das nun 30 oder 60 Minuten. Schalte alle anderen möglichen Ablenkungen ab und teile deinem Partner mit, dass du in dieser Zeit bitte nicht gestört werden willst, außer es handle sich um einen Notfall. Und der Notfall beinhaltet, dass irgendwo etwas brennt oder jemand in Lebensgefahr ist, alles andere kann warten! Sobald du den Timer einschaltest, wirst du bereits sehr rasch feststellen, dass deine Art und Weise, dich auf deine Aufgabe zu konzentrieren, plötzlich eine ganz andere Dimension angenommen hat. Du wirst nicht aufstehen, bevor der Timer nicht abgelaufen ist. Um das zu gewährleisten, solltest du jedem möglichen aufkommenden Drang, wie z.B. deinem Hunger oder deiner vollen Blase nachgehen – bevor du den Timer startest.

Ich selbst arbeite auf diese Art und ich kann dir versprechen, dass diese Herangehensweise Gold wert ist.

Und auch wenn dein Online Business schon gut läuft und du deinen Vollzeitjob sogar verlassen kannst, musst du dir deine Zeit trotzdem noch gut einteilen. Es kann ansonsten ganz schnell passieren, dass du deine Zeit verschwendest oder trotzdem nicht effizient nutzen wirst. Wenn du also nun dein eigenes Business hast, dann bist du sozusagen auch dein eigener Chef UND Angestellter in einer Person. Am besten ist es, wenn du all deine Arbeiten für dein Online Business als Arbeit ansiehst. Du bist für dich selbst und deine Arbeit **verantwortlich**. Dir wird nicht mehr von einem Chef gesagt werden, was du zu tun hast. Nun bist DU der Chef, der dem Arbeitnehmer (in dir) zu sagen hat, was du zu tun hast. Wenn du zurzeit bei einer Firma angestellt bist und nichts tust, dann wird das Konsequenzen für dich haben, sicherlich irgendwann auch in der Form einer Kündigung. Dein Online Business ist auch eine Arbeit und demnach wird es auch Konsequenzen haben, wenn du nichts dafür tust. In diesem Fall wird dir zwar nicht gekündigt werden, aber man wird die Konsequenzen an deinen Fortschritten und Resultaten sehen können.

Manchmal musst du einfach ganz streng mit dir selbst sein und deine Arbeitszeit in deinen Kalender eintragen, damit du diese auch als Arbeitszeit nutzt und nichts anderes für diese Zeit planst. Es kann auch sein, dass du dir einen passenden Arbeitsplatz suchen musst.

Denn es kann manchmal ein wenig schwierig sein, von zu Hause aus zu arbeiten, weil man so leicht von vielen Dingen abgelenkt werden kann. Solltest du in einem guten Arbeitsfluss sein und dann zum Beispiel durch einen Anruf oder eine Nachricht abgelenkt werden, dann wird es dich viel mehr Zeit kosten, danach wieder in den guten *flow Zustand* zu geraten.

Und das kann wirklich hinderlich für deine Arbeit sein. Vielleicht brauchst du einfach nur einen Raum in deiner Wohnung, den du als dein Büro benutzt. Achte darauf, nur das Nötigste darin zu haben, also keine Kinder und keinen Fernseher. Vielleicht kannst du auch viel besser in einem Café arbeiten oder in einer Bibliothek. Ergreife einfach die nötigen Maßnahmen, um effizient arbeiten zu können, auch wenn einige davon eventuell unkonventionell sind.

Für weitere Tipps, um deine Produktivität zu steigern, empfehle ich dir unbedingt mein Video „**Steigere deine Produktivität | 4 Tipps von Bodo Schäfer**" anzuschauen.

Achte auch auf deine Umgebung, damit du bestens für den Erfolg vorbereitet bist. Dabei kommt es darauf an, mit welchen Leuten du dich abgibst. *Das können auch deine Online-Freunde sein.* Die Leute, die eine enge Beziehung zu uns haben und mit denen wir viel Zeit verbringen, beeinflussen uns und prägen in gewisser Weise unseren Charakter und unsere Denkweisen. Es ist deshalb auch ratsam, deinen Freunden von deinen Projekten und Ideen zu erzählen. Einerseits kannst du so gute Kritik erhalten und vielleicht sogar neue Ideen bekommen, andererseits können dich deine Freunde so aber auch besser bei deinen Projekten unterstützen. Dann ist es für sie vielleicht auch einfacher, wenn du vorübergehend nicht mehr so viel Zeit mit ihnen verbringst, und sie werden dir deswegen nicht gleich böse sein.

Abschließende Worte

Was auch immer du in deinem Leben tust, du solltest deine Werte und Überzeugungen kennen.

An was **glaube** ich?
Was ist mir wirklich **wichtig** im Leben?
Was will ich mit deinem **Leben** eigentlich anfangen?
Und was will ich einmal **erreichen**?

Vielleicht hast du sogar eine kleine Vision für dein Leben. Eine Vorstellung von dem, was du gerne in deinem Leben erreichen willst oder wie du dir ein gutes Leben vorstellst. Wenn du deine Werte, Überzeugungen und sogar deine Vision kennst, dann wird dir das auch extrem beim Aufbau und der Betreibung deines Online Business helfen. Es wird dir helfen, auf dem richtigen Weg zu bleiben und Entscheidungen für dein Online Business zu treffen, dir selbst in dem ganzen Prozess treu zu bleiben und dir gute Ziele zu setzen.

Wenn Geld das Wichtigste für dich ist, dann kannst du einfach viel und hart arbeiten. Willst du aber vielleicht doch ein wenig mehr Freiheiten haben? Dann kann es jedoch sein, dass du eventuell ein bisschen weniger Geld verdienst, dafür aber auch etwas mehr freie Zeit hast. Das kannst nur du allein entscheiden. Überlege dir, was dir persönlich wichtiger als Geld ist. Vielleicht ist auch einfach nur Geld das Wichtigste für dich. Aber wenn dir etwas wichtiger als Geld ist, dann solltest du auch zusehen, dass du dieses im Auge behältst.

Vielleicht musst du es zeitweise aufgeben oder an die zweite Stelle setzen, aber ganz allgemein wirst du glücklicher sein, wenn du es beachtest. Geld ist nicht das Wichtigste und viel Geld allein wird dich nicht glücklich machen.

Jedenfalls nicht auf lange Sicht gesehen. Frag dich auch einmal, ob du interessiert daran bist, viel Geld zu verdienen, wenn du dabei deine Freiheit aufgeben musst. (Mit Freiheit ist hierbei vor allem gemeint, freie Zeit zu haben, um andere Dinge zu tun.)

Wenn du hart an deinem Online Business arbeitest, mit dem Gedanken, viel Geld zu verdienen, damit du daraufhin mehr Freiheiten haben kannst, dann unterscheidet sich das sehr vom Arbeiten, weil du arbeiten *musst*. Wenn du arbeiten musst, nur um dich oder deine Familie versorgen zu können und vielleicht sogar in einem Bereich arbeitest, der dir gar nicht so viel Spaß macht, dann wird man das früher oder später sicherlich an deiner Laune merken können. Arbeitest du aber nun hart an deinem eigenen Online Business, weil du gerne für deine Familie sorgen willst, dann wird deine Arbeitseinstellung eine ganz andere sein. Es ist trotz all dem nicht gesagt, dass es dir dabei immer Spaß machen wird und du immer gut gelaunt sein wirst. Manchmal ist arbeiten einfach ein wenig nervig, ganz egal ob man seine Arbeit mag oder nicht. Wenn du dich jedoch freiwillig zum Arbeiten entscheidest, hast du daraus resultierend schon eine gewisse Freiheit. Keiner hat dich dazu gezwungen, es war deine Entscheidung und du wolltest es tun, aus welchem Grund auch immer. Wenn du aber arbeiten musst und nicht selbst die Entscheidung treffen kannst, dann kann sich das manchmal so anfühlen, als wäre man ein Sklave der Arbeit. Und das willst du sicherlich nicht.

Auch wenn du an einem Punkt ankommst, an dem du genug hast und nicht mehr an deinem Online Business arbeiten willst, dann versuche auf deine Denkweisen zurückzuschauen.

Schau dir deine Ziele an, was du schon erreicht hast, was du noch erreichen willst und welchen Weg du gehen willst. An einem solchen Punkt ist es sehr leicht einfach aufzugeben, aber das solltest du nicht tun.

Vielleicht brauchst du einfach mal eine kleine Pause. Das können ein oder zwei Tage sein oder eventuell auch mal eine Woche. Die Pause sollte aber nicht zu lange andauern, weil du sonst Gefahr läufst, dein Publikum zu verlieren. Vielleicht kannst du für ein paar Tage oder eine Woche auch nur ein paar kleinere Arbeiten für dein Business erledigen. Auch wenn es nur was Kleines ist, überhaupt etwas für dein Online Business zu tun, ist immer besser als gar nichts dafür zu tun.

Du solltest deine Vision und deine Ziele immer im Blick behalten. Diese werden dir dabei helfen, Entscheidungen zu treffen, die am besten für dein Online Business sind. Deine Vision wird dir auch dabei helfen, stets weiterzumachen, wenn du nicht mehr weiter weißt oder aufgeben willst. Sie ist es, die dich antreiben wird, weiter zu machen, um deine Ziele zu erreichen.

Wir haben in einem früheren Kapitel darüber geredet, dass es gut für dich ist herauszufinden, was du eigentlich erreichen willst, aber auch an was du glaubst. Deine Überzeugungen und deine Werte. Das Ganze führt uns wieder zu den Denkweisen zurück, denn du musst an den Erfolg deines Business **glauben**, damit du diesen auch erreichen kannst. Alles fängt in deinen Gedanken an und du musst wissen und glauben, dass es möglich und machbar ist. Es wird nicht unbedingt einfach sein, das ist selten der Fall. Aber wenn du daran glaubst und dafür arbeitest und dich bemühst, dann kann es auch durchaus realistisch sein.

Walt Disney hatte die wunderbare Idee, Disneyland zu bauen und Leute damit glücklich zu machen. Trotz all der harten Arbeit ist er leider gestorben bevor er das vollendete Werk sehen konnte.

Ein Journalist hat daraufhin Walt Disneys Bruder bei einem Interview folgende Frage gestellt: *„Ist es nicht eine Schande, dass Walt Disney nicht einmal sein eigenes Werk sehen konnte?"* Und obwohl es wirklich schade ist, meinte Walts Bruder nur, dass wir es heutzutage nur aus einem einzigen Grund sehen und zwar, weil Walt es zuerst in seinen Gedanken gesehen hat. Walt Disney hatte eine Vision und hat deswegen angefangen, dafür zu arbeiten, damit seine Vision Wirklichkeit wird. Ohne Walt Disneys Vision und harte Arbeit, um diese wahr werden zu lassen, hätten wir heute möglicherweise kein Disneyland. *(Und die Betreiber weniger Einnahmen – haha.)* Solange du also eine Vision hast und diese nicht aus den Augen verlierst und daran arbeitest, damit diese Wirklichkeit wird, stehen dir sehr viele Türen offen. Es ist nicht leicht, aber es ist möglich. Du musst nur daran glauben und dafür arbeiten. Arbeite an deiner **großen Vision**, indem du sie in **kleinere Ziele** aufteilst. Und dann musst du nur die einzelnen Ziele abarbeiten und kannst somit immer **näher** an deine eigentliche Vision kommen. Das ist allerdings mit viel Arbeit verbunden und es wird dich viel Zeit und Kraft kosten. Erwarte nicht, dass alles sofort funktionieren wird und du über Nacht einen großen Erfolg hast. Solche Erfolgsgeschichten entstehen nur extrem selten und sind für die breite Masse kaum nachahmbar. Es wird ein wenig dauern und langsam vorangehen, aber solange es vorangeht, kommst du deiner Vision und dem Erfolg immer näher. Besser kleinere Schritte vorwärts zu gehen, als gar keine Schritte vorwärts zu gehen. Lass dich nicht von den Dingen um dich herum ablenken. Lass dich nicht von den Leuten und Meinungen anderer um dich herum ablenken.

„Der Hauptgrund, warum Menschen im Leben versagen ist der, dass sie auf ihre Freunde, Familie und Nachbarn hören."

- Napoleon Hill, Schriftsteller

Und selbst wenn dich Schwierigkeiten ein paar Schritte zurückschmeißen, dann solltest du trotzdem nicht aufgeben. Komm wieder auf die Beine und mach einfach weiter. Niemand außer dir selbst wird dich davon abhalten können, die Dinge zu erreichen, die du erreichen willst. Und wer weiß, vielleicht lernst du ja noch etwas Bedeutendes während des ganzen Prozesses.

Das Wissen allein wird dich nicht weit bringen, du musst es auch **anwenden**. Was wirst du also mit deinem neuen Wissen tun? Ich hoffe, dass du nun einen besseren Überblick über den ganzen Prozess erhalten hast und bereit bist, dein eigenes Online Business zu starten. Es schadet nie, immer mal wieder auf die einzelnen Schritte zurückzugreifen und hier und da aus Fehlern zu lernen. Nutze die Gelegenheiten, die sich dir in unserem heutigen digitalen Zeitalter bieten und sei ein wenig kreativ. Lass deine Träume wahr werden, indem du sie als Ziele betrachtest, hart daran arbeitest und immer einen Weg findest. Gib nicht auf und vergiss auch nicht, dass es vollkommen okay und normal ist, um Hilfe zu bitten. Gestalte dein Online Business ganz individuell, sodass es am besten zu dir und deiner Vision passt. Sei einzigartig und versuche nicht nur die Ideen anderer zu kopieren. Und dann, hab ganz einfach ein wenig Spaß beim Ausprobieren und Lernen.

In diesem Sinne nun: Viel Erfolg mit deinem Online Business.
- Ignatz Rajher

P.S. Sollte dir das Buch gefallen haben, dann wird dir mein nächstes Buch ***„Rise of the Online Entrepreneur: Rette dein Online Business“*** sicherlich auch gefallen. In diesem werde ich dir die **20 häufigsten Gründe** für das Scheitern mit deinem Online Business präsentieren. Darüber hinaus werde ich dir aufzeigen, worauf du achten musst, damit du nicht eines Tages zu den Leuten gehörst, die *zu früh* aufgegeben haben.

Deine Meinung ist mir wichtig

Ich hoffe, du empfandest meine Einsichten und Erfahrungen als lehrreich und unterhaltsam. Hoffentlich bist du zufrieden mit dem Buch. An dieser Stelle würde ich gerne wissen, was du über dieses Buch denkst:

Hat es dir gefallen? Oder findest du es grottenschlecht? Hat sich beim Lesen etwas tief in dir verändert? Hat es dich motiviert? Fandest du es informativ? War es pure Geldverschwendung oder die beste Investition deines Lebens?

Bitte nimm dir ein paar Minuten Zeit, um eine **Rezension auf Amazon zu hinterlassen** und mir deine Meinung mitzuteilen. Ich würde deine Meinung sehr zu schätzen wissen. Sie würde definitiv von mir gelesen werden, weil ich jede Rezension lese und als Feedback ansehe. Egal ob du eine *gute* oder *schlechte* Rezension abgeben willst, deine Meinung zählt – für *mich* und für *alle* zukünftigen Leser, die sich noch unsicher sind, ob sich ein Kauf lohnt oder nicht.

Ich **danke** dir für deine Unterstützung und dein Verständnis. Vielen Dank!

Überblick aller wichtigen Plattformen und Links

1. **Google Trends**: https://trends.google.de/trends/?geo=DE
2. **Google Ads Keyword Planner**: https://ads.google.com/intl/de_de/home/tools/keyword-planner/
3. **Keywords Everywhere**: https://keywordseverywhere.com/
4. **namecheckr**: https://www.namecheckr.com/
5. **fiverr:** https://www.fiverr.com/
6. **tenner:** https://tennerr.de/
7. **MailChimp:** https://mailchimp.com/
8. **GetResponse:** https://www.getresponse.de/
9. **Builderall:** https://www.mybuilderall.eu/
10. **Facebook Ads Anleitung 2.0:** https://www.superiormarketing.de/adhacksvs/
11. **Facebook Ads Coaching:** https://online-business-box.com/fbadscoaching
12. **Kindle Direct Publishing**: https://kdp.amazon.com/de_DE/
13. **Books on Demand**: https://www.bod.de/

14. ePubli:
https://www.epubli.de/
15. Amazon FBA:
https://services.amazon.de/programme/versand-durch-amazon/merkmale-und-vorteile.html
16. *Shopify:*
https://www.shopify.de/
17. Seedshirt:
https://www.seedshirt.de/
18. *Spreadshirt:*
https://www.spreadshirt.de/
19. feiyr:
https://www.feiyr.com/de/main.html
***20.* Amazon Partner Net**:
https://partnernet.amazon.de/
***21.* Digistore24**:
https://www.digistore24.com/
***22.* Rakuten Marketing**:
https://rakutenmarketing.com/affiliate
23. Clickbank:
https://www.clickbank.com/
24. Awin:
https://www.awin.com/de
25. Google Adsense:
https://www.google.de/intl/de/adsense/start/
***26.* Backlinks verkaufen**:
https://www.buywords.de/
27. Artikel - YouTube Regelung:
http://www.spiegel.de/netzwelt/web/youtube-monetarisierung-durch-neue-regeln-erst-ab-1000-abonnenten-a-1188304.html
28. Artikel - Sponsorings:
https://www.heise-regioconcept.de/social-media/product-placement-und-sponsoring-youtube-marketing

29. Upwork:
https://www.upwork.com/
30. Textbroker:
https://www.textbroker.de/
31. Lass andere schreiben:
https://www.lass-andere-schreiben.de/
32. Sneaker Don:
https://www.youtube.com/watch?v=lFdb9wI7WHQ
33. Udemy:
https://www.udemy.com/
34. Teachable:
https://teachable.com/
35. Thinkific:
https://www.thinkific.com/
36. SimiliarWeb:
https://www.similarweb.com
37. Impressumspflicht:
http://www.impressum-recht.de/abmahnung-bei-verstoss-gegen-impressum-pflicht.html

Bonus: Facebook-Gruppe

Facebook Gruppen-Name:
Rise of the Online Entrepreneur
Link: https://www.facebook.com/groups/258141301532769/

In dieser Gruppe findest du haufenweise geile Bonus-Inhalte, welche von mir kostenlos für dich zur Verfügung gestellt werden (lass dich also überraschen). Außerdem ist es ein Ort, um dich mit Gleichgesinnten zu vernetzen und über deine Erfolge oder aufkommende Probleme zu berichten und dich auszutauschen – werde ein Teil unserer geilen Community! In dieser Gruppe werde ich auch immer einmal wieder Updates zu meinen Folgebüchern (der *Rise of the Online Entrepreneur-Reihe*) innerhalb dieses Themenbereichs berichten, dadurch kannst du aktiv an der Gestaltung der Inhalte teilnehmen, erste Proben lesen und mir mitteilen, welche Inhalte du dir wünschst. Mach dir außerdem keine Gedanken darüber, dass deine Freunde sehen könnten, dass du in einer Gruppe bist, die sich als Ziel setzt, mehr von ihrem Leben zu wollen als die restliche Welt. Es ist eine „geschlossene Gruppe" und die Außenwelt wird nichts von deinen Beiträgen erfahren.

Passwort zum Eintritt: **#rotoer**

Mein Geschenk an dich:

Wenn du dich in meiner E-Mail Liste einträgst, erhältst du völlig **KOSTENLOS** einen 14 tägigen Crash Kurs zum Online Business und Online Geld Verdienen von mir zugeschickt! Dieses Angebot wird nicht ewig anhalten - worauf wartest du also noch?

Trag dich jetzt hier ein:
https://online-unternehmer.subscribemenow.com/

Website:
https://www.ignatzrajher.de/
YouTube-Channel (Online Entrepreneur Zeitalter):
https://www.youtube.com/channel/UChwv3ZFcfZch0K_kL4QY4kw/

Printed in Poland
by Amazon Fulfillment
Poland Sp. z o.o., Wrocław

73831448R00092